트레블
인 유어
키친

Travel In Your Kitchen

트레블 인 유어 키친

부엌에서 떠나는 세계요리여행

박신혜 지음

프롤로그 Prologue

저는 요리를 전공하지도, 직업으로 삼지도 않은 사람입니다. 그런 제가 자꾸만 새로운 요리를 찾고, 여기저기서 재료를 공수하여 집에서 요리를 하고, 요리에 관한 글을 씁니다. 사람들은 저에게 "직장 생활하며 취미생활을 그렇게 열심히 하면 힘들지 않냐"라고 물어보곤 합니다. 그럴 때면 저는 "글쎄요, 저도 잘…" 정도의 답변을 얼렁뚱땅하고서 생각에 잠깁니다. 저는 왜 이토록 요리에 빠져있으며, 이 에너지는 대체 어디서 오는 걸까요?

기억을 되돌려보면, 저는 기억이 존재하는 무렵부터 이미 '먹는 것에 환장'해 있었습니다. 동화책 속의 요리 그림을 보면서도 입맛을 다셨고, 요리 프로그램을 가장 좋아했습니다. 하지만 단순히 음식을 좋아하는 것과 요리를 좋아하는 것 사이에는 큰 차이가 있습니다. 신기하게도, 저는 삶에서 가장 공허함을 느낄 때 요리에 빠져드는 제 자신을 발견하곤 했습니다. 힘겨운 취업생활을 하던 시기, 그리고 어렵게 얻은 직장에서 심한 회의감을 느끼던 시기에 저는 집에 들어오기가 무섭게 요리를 했습니다. 그 원동력은 바로 성취감이었습니다. 새로운 요리에 도전하고 완성된 요리를 맛볼 때마다 작은 작품을 하나 완성하는 것과 같은 성취감을 느꼈기 때문입니다. 또 다른 원동력은 '통제감'이었습니다. 요리를 할 때는 레시피와 재료만 있다면 두려울 것이 없었습니다. 저를 쥐락펴락하는 바깥세상과는 달리 제 작은 주방은 오롯이 제 손 아래에서 움직였습니다. 이렇듯 요리를 통해 느낄 수 있는 성취감과 통제감으로, 저는 '공허'라는 삶의 허기를 채워나갈 수 있었습니다.

한편, 저에게는 단순한 '요리 애호가'를 넘어선 특이한 구석이 있습니다. 한 가지 요리에 머물지 않고 세계 곳곳의 새로운 요리에 도전한다는 점이 바로 그것입니다. 아마도 저의 '호기심'이 그 원인이 아닐까 합니다. 저는 '이미 아는 맛'보다는 '먹어보지

못한 맛'에 매력을 느끼고, 다른 나라로의 여행을 손꼽아 기다립니다. 하지만 여행이란 일 년에 한두 번만 허락된 사치였기에, 일상에서 호기심을 충족시킬 무언가가 필요했습니다. 저는 요리를 통해 집을 박차고 나가 제가 가보고 싶은 나라를 여행합니다. 집안 가장 깊은 곳에서 이루어지지만 가장 먼 지역까지 어우를 수 있다는 점에서, 요리는 제게 시공간을 초월하는 기쁨을 느끼게 합니다.

퇴근만 하면 부엌에서 분주히 요리만 하던 제가 글을 쓰게 된 것은 순전히 친구의 조언 덕분이었습니다. 저는 5년 전쯤부터 직접 만든 요리 사진을 SNS에 올리곤 했습니다. 이를 눈여겨보던 친구가 브런치에도 요리 사진을 올려보라는 조언을 해주었습니다. 요리에 대한 호흡이 긴 글을 쓰게 된 것에는 호기심 넘치는 저의 성격이 한몫을 했습니다. 저는 새로운 요리를 접할 때마다 '왜 이런 이름이 붙었는지', '왜 이런 요리가 탄생하게 되었는지'따위의 질문들을 떠올립니다. 그 해답을 찾기 위해 링크를 타고 페이지를 이동하다 보면, 머릿속에는 자연히 긴 이야깃거리가 차곡차곡 저장되기 마련입니다.

이 책을 구매하시는 독자분들 또한 마음 한편에는 저처럼 요리를 향한 사랑과 호기심을 품고 계시지 않을까 생각합니다. 저는 저의 글이 이색적이면서도 편안한 요리 여행을 즐길 수 있도록 돕는 가이드북의 역할을 했으면 하는 소망을 품고 있습니다. 혼자 하는 여행도 즐겁지만 가끔은 열정 넘치는 가이드가 침을 튀기며 하는 설명을 듣는 것도 재미있지요. 요리에 얽힌 이야기뿐 아니라 그 나라의 요리 재료나 식문화에 대한 설명을 곁들인 것은 바로 이 때문입니다. 다른 나라로 가는 여행길이 막힌 요즘의 상황에서, 제가 세계 곳곳의 요리를 맛보며 느꼈던 자유를 함께 공감하실 수 있다면 더욱 좋겠습니다.

차례 Contents

프롤로그 • 04

중국 • 09
시홍스차오지단 • 13
양저우차오판 • 17
차슈판 • 22

일본 • 26
쇼가야키 • 30
참프루 • 34

베트남 • 37
분짜 • 40

태국 • 44
팟타이 • 48

인도네시아 • 52
나시고렝 • 56

싱가포르 • 59
하이난 치킨 라이스 • 61

말레이시아 • 66
나시르막 • 68

필리핀 • 74
롱가니사 • 77

인도 • 81
무르그 사괄라 • 85
탄두리치킨과
버터치킨 카레 • 90

이란 • 97
쿠쿠섭지 • 101

터키 • 106
돌마 • 110
이맘 바이얄디 • 114

그리스 • 119
기로스 • 122

스페인 • 126
발렌시아식 빠에야 • 129

이탈리아 • 134
바냐카우다 • 138

프랑스 • 141
노르망디 포크 • 144

오스트리아·독일 • 149
슈니첼 • 152

헝가리 • 157
굴라시 • 160

러시아 • 164
보르쉬 • 167

조지아 • 172
하차푸리 • 175

영국·아일랜드 • 180
버블앤스퀵 • 183
아이리시 스튜 • 186

미국·호주 • 189
브렉퍼스트 부리토 • 192
비트핫도그 • 197

쿠바 • 202
로파 비에하 • 205

페루 • 209
세비체 • 212

모로코 • 217
쿠스쿠스 • 220

나이지리아 • 224
졸로프 라이스 • 227

모잠비크 • 232
피리피리치킨 • 235

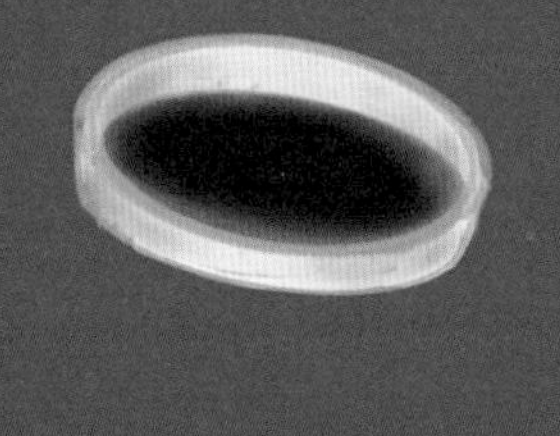

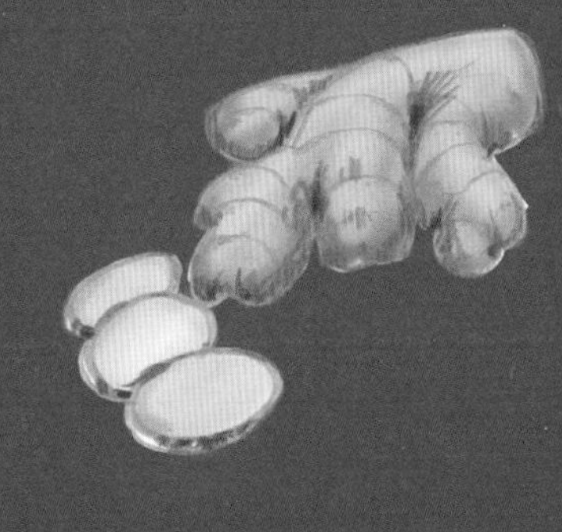

중국

시홍스차오지단
양저우차오판
차슈판

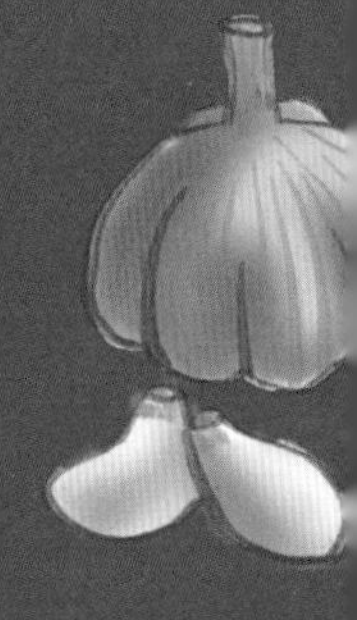

집에서 요리로
중국을 여행하기에 앞서

어떤 나라의 기본적인 요리 재료를 찬장에 구비해 두는 것은 여행을 위한 필수 준비물을 챙기는 것만큼이나 중요하다. 부엌에서 세계요리여행을 시작하는 그 첫걸음은 바로 요리 재료를 구입하는 것과 마찬가지다.

한꺼번에 많은 식재료를 구입하는 것이 부담스럽다면 가까운 지역의 요리에서 시작하여 그 반경을 넓혀가는 것이 좋다. 중국, 일본과 같은 동아시아 요리는 한국인의 입맛에 대체로 잘 맞을 뿐 아니라 사용되는 식재료 또한 한국인에게 익숙하고 구하기 쉽다는 이점이 있다.

우리들의 첫 번째 여행지는 중국이다. 세계 3대 요리로 손꼽히는 중국요리는 중국의 거대한 영토와 긴 역사를 반영하여 무궁무진한 다양성을 과시한다. 넓게 보아 중국 대륙뿐 아니라 대만과 홍콩 및 전 세계 곳곳에 정착한 화교들의 요리도 중화요리에 포함시킬 수 있기 때문에 지역별로 다양한 요리가 새로이 발달하기도 했다.

중국요리를 위한 기본 재료

1. 간장: 기본 중의 기본 재료. 진간장으로 무리 없이 대체할 수 있다.

2. 노추: 검은콩과 당밀로 만들어져 살짝 끈적하게 느껴질 정도로 색과 풍미가 진한 간장이다. 요리의 색과 향을 위해 사용된다. 동파육이나 차슈를 만들 때처럼 고기요리에 먹음직스러운 짙은 색을 입힐 수 있다.

3. 술: 증발하면서 잡내를 제거하는 역할을 한다. 소흥주(영어로는 샤오싱 와인)가 대표적이다. 중국 식재료 상점에서 구매할 수 있다.

4. 식초: 한국에는 맑은 빛의 쌀식초나 사과식초가 대중화되어 있지만 중국의 흑식초(라오천추 등)도 매력이 있다. 산미가 덜한 대신 발사믹 식초와 유사한 독특한 향이 있다.

5. 참기름: 열을 가하면 향이 약해지므로 완성된 요리에 살짝 뿌리는 것이 좋다.

6. 마늘, 대파, 생강: 중국요리의 대표적인 향신채이다. 낮은 온도의 기름에 익혀 향유를 만드는 방식으로 자주 사용된다.

7. 고추기름(라유)**:** 고추기름을 사용한 대표적인 요리로 마파두부가 있다. 다양한 종류의 라유를 생산하는 '라오간마' 브랜드가 유명하며, 집에서는 고춧가루에 뜨겁게 끓는 기름을 붓는 것으로 간단하게 만들 수 있다.

8. 두반장: 소금에 절인 고추와 콩을 발효시켜 만든 장이다. 마파두부, 훠궈, 딴딴면 등 쓰촨 요리를 만들 때 빠지지 않고 등장한다.

9. 굴소스: 거의 모든 볶음 요리에 잘 어울리는 대중적인 소스이다.

10. 치킨스톡: 가루형(이금기 치킨 파우더가 유명)과 액상형이 있다. 개인적으로 숟가락으로 떠서 쓰는 가루형에 비해 액상형을 선호한다.

11. MSG: 아무래도 중국요리에서 뺄 수 없는 재료이다. 건강에 무해하다는 연구결과가 많으니 필요할 땐 사용하는 것을 추천한다.

12. 오향분: 계피, 회향 씨, 팔각, 화자오, 정향을 가루내어 섞은 것. 간장과 잘 어울린다. 우육면과 차달걀, 루로우판(대만식 돼지고기 덮밥)에서 그 향을 느낄 수 있다.

13. 전분: 중국요리 특유의 걸쭉한 소스를 만들 때 사용되는 핵심적인 재료이다. 미리 물에 풀어 사용한다. 전분을 사용하여 소스를 걸쭉하게 할 때는 약불에서 빠르게 저어주어야 덩어리지지 않는다.

시홍스차오지단:
중국에서 꽃을 피운 토마토의 긴 여정

토마토 달걀 볶음(西紅柿炒雞蛋 xīhóngshì chǎo jīdàn / 番茄炒蛋 fānqié chǎodàn)은 중국인의 소울 푸드 중 하나이다. 조리법이 단순해서, 중국의 어린이들이 부모님이 외출하실 때를 대비해 처음으로 배우는 요리 중 하나라고 한다. 그런데, 국경을 맞대고 이웃에 사는 중국인들의 소울 푸드가 토마토를 볶아낸 요리라니 조금 신기한 일이다. 한국에서 요리 재료나 채소라기보다는 과일에 가까운 취급을 받고 있는 토마토의 입지와 비교가 되기 때문이다. 양파나 감자, 고추와 같은 다른 외래종 채소와 달리, 유독 토마토는 한국인의 밥상에 쉽게 오르지 못하고 현대에 와서야 외래어로 된 이름을 그대로 달고 대중에게 알려지게 되었다. 한국에서는 아직도 과일인가 채소인가 하는 논쟁에 이름이 오르락내리락하는 이 토마토는 언제부터 중국인들의 주방 한편에 단단하게 자리를 잡게 된 것일까?

남미의 원주민들이 재배하던 토마토를 구세계에 전파한 주역은 스페인 정복자들이었다. 이들이 식민지 개척의 성공을 증명하기 위해 본국으로 가져갔던 수많은 물자 중에 토마토가 있었다. 유럽 땅에 도착한 최초의 토마토는 아즈텍 제국을 정복한 에르난 코르테스가 1520년대에 보낸 노란 품종의 토마토로 추측된다. 아쉽게도, 토마토는 새로운 작물에 폐쇄적인 식문화 때문에 오랜 기간 식용으로 사용되지 못하고 관상용 식물로 재배되었다. 1600년대 초에 이르러서야 토마토는 스페인의 식탁에 나름대로 중요한 식재료로 자리 잡기 시작했다. 여기서 또 백 년 정도가 흘러, 이웃한 이탈리아를 비롯한 유럽 국가에서 토마토를 이용한 요리가 개발되기 시작했다.

토마토를 아시아에 알린 이들도 바로 이 스페인 사람들이다. 당시 식민지였던 필리핀에서 토마토를 재배하기 시작했고, 필리핀에 성공적으로 정착한 토마토가 교역을 통해 동남아시아 지역 및 중국 남부로 번져 나갔다. 토마토에 관한 중국어로 된 기록에 근거하면 토마토가 중국에 도래한 시기는 16세기로 추측된다. 토마토를 만난 중국인들이 이 생소하고 새빨간 열매에 붙인 이름이 바로 시홍스(西紅柿 xīhóngshì, 서양의 붉은 감)와 판치에(番茄 fānqié, 오랑캐 가지)이다. '붉고 둥글며, 귀엽고 사랑스럽다'라는 다소 주관적인 서술 또한 기록에 남아 있다.

우호적인 외양 서술과는 별개로, 유럽의 경우와 마찬가지로 중국의 대중들이 토마토를 식재료로 받아들이기까지는 상당한 시간이 필요했다. 청나라 말기에 이르러 서양요리를 다루는 식당들이 생겨나고부터, 중국 농민들이 식용 목적의 토마토를 본격적으로 기르기 시작했다고 한다. 양식당에서 토마토는 주로 소스를 만드는 용도로 사용되었지만, 일반 가정에서 토마토를 먹는 방식은 이와 차이가 있었다. 웍(wok)을 이용한 볶음 요리가 발달한 중국이었기에, 중국인의 부엌에 자리 잡은 토마토도 뜨거운 불길 속에서 조리될(炒 chǎo, 볶다) 운명을 맞이한 것이다. 이런 배경에서 탄생한 요리가 바로 오늘의 요리, 토마토 달걀 볶음이다. 어느 요리사가 처음으로 토마토를 요리하려

한 순간을 상상해본다. 아마도 늘 하던 대로 기름이 지글거리는 시커먼 웍 위에서 볶으면 무엇이든 맛있어질 것이라는 확신을 가지지 않았을까?

신대륙을 휘젓고 다녔던 정복자들은 토마토보다는 황금에 더 크게 환호했겠지만, 지구 한 바퀴를 도는 동안 인류의 삶을 변화시킨 것은 방 안을 가득 채운 황금이 아닌 한 알의 토마토였다. 황금 장식은 피비린내 나는 살육 끝에 소수의 손에 넘어가 역사 속에서 잊혔지만, 토마토 한 알은 극동의 중국인의 유년을 장식하는 따뜻한 기억으로 세대를 거쳐 전승될 것이다.

 2-3인분

시홍스차오지단 조리법

✔ 토마토에는 MSG의 핵심인 글루타민산이 풍부하다. 토마토와 달걀, 마늘 외에는 별다른 재료가 들어가지 않았는데도 국물에서 깊은 맛이 난다. 토마토의 감칠맛이라는 것이 어떤 것인지 확연히 느끼게 된다.

재료

- 토마토 6 개
- 달걀 4 알
- 마늘 2 톨, 대파는 선택
- 설탕과 소금 약간

조리과정

1 달걀은 젓가락으로 풀고 마늘은 편을 썰거나 칼로 다지고 토마토는 웨지 형태로 손질한다.

2 기름을 두른 팬에 달걀을 주걱으로 살짝 저어가면서 스크램블드 에그를 만든다. 팬에서 옮겨 따로 담아둔다.

3 기름을 한 큰 술 정도 넉넉히 두른 팬에 잘게 썬 마늘과 대파를 넣고 살짝 익힌 뒤, 마늘과 대파가 그슬리기 전에 썰어놓은 토마토를 넣고 볶는다.

4 부드럽게 익어 즙이 배어날 즈음에 따로 두었던 스크램블드 에그를 넣고 소금과 설탕으로 간을 한다. 달걀에 토마토 즙이 살짝 배어들 때까지 1-2 분간 더 볶는다.

양저우차오판: 가벼운 볶음밥의 비결을 찾아서

초등학교 6학년 무렵, 부모님이 안 계신 틈만 생기면 나는 당시 가장 좋아하던 요리였던 볶음밥에 도전하곤 했다. 나의 숙원은 중국집 볶음밥처럼 포슬포슬한 볶음밥을 만드는 것이었다. 그러나 원대한 시도는 항상 실패로 돌아왔다. 김치 국물을 적당히 붓고, 달걀을 한 알 터뜨려 넣고 나면 볶음밥보다는 질척거리는 비빔밥을 프라이팬 안에서 휘저어 놓은 듯한 애매한 모양의 요리가 탄생하곤 했다. 중국식 볶음밥의 비결을 깨달은 것은 이로부터 한참 후의 일이다.

내가 만들고자 했던 중국집 볶음밥은 볶음밥의 대명사인 양저우(扬州) 차오판(炒饭)을 한국식으로 변형한 것이다. 짜장소스와 짬뽕국물이 서비스로 온다는 점을 빼면 양저우차오판이 그대로 한국으로 넘어왔다고 해도 무리가 아닐 정도이다. 달걀, 완두콩, 표고버섯, 챠슈나 중국식 햄(라창) 등 구하기 쉬운 재료로 간단히 만들 수 있는 양저우차오판은 세계적으로 볶음밥의 표준과 같은 요리로 자리매김하고 있다.

볶음밥의 역사는 어림잡아 수나라 시대까지 거슬러 올라간다. 하지만 '양저우 차오판'이 하나의 요리로 등장한 것은 청대의 일이다. 양저우차오판은 18세기 말, 청나라 양주의 치안 판사였던 이병수(伊秉綬, 1754-1815) 아래에서 일하던 요리사에 의해 발명되었다. 건륭제가 양주에 들렀을 때 수라상에 올라 건륭제의 극찬을 받은 일로 인해 전국적인 유명세를 얻게 되었다고 한다.

단, 양저우차오판이 인기를 얻고 널리 퍼져나갈 수 있었던 것은 건륭제의 칭찬뿐 아니라 볶음(stir-frying) 기술의 대중화 덕이 컸다. 오늘날의 고정관념과 달리, 볶음 기술이 널리 사용되기 시작한 것은 명말청초에 해당하는 17세기의 일이다. 본디 중국요리의 주된 방식은 '삶기'와 '찌기'였다. 그러나 명대의 도시화 현상으로 인해 이러한 요리 패턴에 차질이 생겼다. 도시의 면적이 확장됨에 따라 숲에서 멀어진 도심지에서 구할 수 있는 나무와 숯의 가격이 급등했던 것이다. 도시민들은 볶음 기법에서 해결책을 찾았다. 삶거나 찌는 방식은 긴 요리 시간이 필요한 데 반해 볶음 기법을 사용하면 재료를 빨리 익혀 연료를 아낄 수 있었기 때문이다. 시간에 쫓기는 도시의 인부들 또한 보다 빨리 서빙되는 볶음 요리를 선호했다고 한다. 청나라 말기에 이르러서는 볶음 요리를 할 수 있는 화덕(챠오자오, 炒灶)이 각 가정에 설치될 정도로 볶음 요리가 보편화되었다.

맛있는 양저우차오판의 핵심은 가볍고 수분감이 적은 식감이다. 이를 위한 최고의 비법은 바로 웍을 다루는 기술에 있다. 빠르고 정확한 손놀림으로 강한 화력 위에서 밥알을 기름으로 코팅하는 작업인데, 일반인이 익히기에는 상당한 노력이 필요하다. 그래도 괜찮다. 다음과 같이 알맞은 재료를 적절한 방식으로 조리하는 것으로 손기술의 부족을 보완할 수 있다.

첫째로, 안남미(재스민 라이스)를 사용해야 한다. 또한 밥을 지을 때 물과 쌀의 비율을 1:1.2로 해서 평소보다 된 밥을 지어야 한다. 이렇게 지은 밥을 식혀서 사용하는 것이 원칙이지만 시간이 부족하다면 밥을 넓은 그릇에 펼쳐 수분기라도 한 김 날려주는 과정이 필요하다. 양파를 사용하지 않는 것도 비법 중 하나다. 양파에는 수분이 많아 가벼워야 할 볶음밥이 질어질 수 있기 때문이다. 날달걀을 웍에서 밥에 비비는 것도 피해야 한다. 달걀은 다른 재료를 조리하기 전 미리 스크램블 하여 나중에 더하도록 한다.

단순해 보이는 요리이지만, 맛있는 차오판을 만들기 위해서는 재료와 조리법을 충분히 이해해야 한다. 시도할 때마다 중국식 볶음밥과는 영 딴판이 되어버려 실망하곤 하던 어린 날의 나에게, 보기보다 단순하지 않은 요리이니 기운 내라고 응원하고 싶다.

3-4인분

양저우차오판 조리법

✔ 고기 재료로 집에서 오븐으로 구워 만든 챠슈를 사용했는데, 챠슈를 구하기 어렵다면 햄으로 대체할 수 있다.

· 안남미로 지은 식은 밥 3 공기
· 대파나 쪽파 잘게 썬 것 약간
· 차슈나 햄 약간(기호에 따라)
· 달걀 3-4개
· 완두콩 한 컵, 당근 반 쪽
· 새우 4-10미(기호에 따라)
· 뜨거운 물에 불린 건표고버섯 5개

소스

· 버섯 우린 물 3 tbsp
· 소금 1/2 tsp
· 굴소스 1 tbsp
· 치킨스톡 1 tsp

1. 달걀물을 만들고 소금을 약간 뿌려 간을 한다. 당근, 물기를 짠 표고버섯, 차슈(또는 햄), 대파는 잘게 썬다. 새우는 껍질을 벗겨 전분 1 tsp과 소금 1/2 tsp으로 밑간을 한다.

2. 기름을 두른 팬에 밑간 한 새우를 1-2분 정도 볶는다. 너무 단단해지기 전에 꺼낸다.

3. 기름을 두른 팬에 달걀물을 넣고 스크램블 하듯이 볶은 후 그릇에 따로 담아둔다.

4. 당근과 완두콩을 2-3분 볶은 후 표고버섯과 차슈를 넣고 2-3분 볶는다. 미리 섞어둔 소스를 넣고 1분 정도 볶은 후 꺼낸다.

5. 기름을 넉넉히 두른 팬에 식은 밥을 넣고 쌀알이 기름에 코팅이 되도록 빠르게 볶는다. 달걀을 넣고 덩어리를 잘게 부수며 밥과 섞어가며 볶는다.

6. 5에 재료에 4의 재료를 넣고 잘 섞이도록 빠르게 볶는다. 필요에 따라 소금과 후추로 간을 한다.

차슈판: 홍콩의 일상 속으로

'차슈' 하면 일본 라멘 위에 올라가는 돼지고기 고명을 떠올리는 사람이 많을 것이다. 사실 일본식 차슈는 중국의 영향을 받아 만들어진 요리로, 그 이름 또한 광동요리의 이름을 그대로 따서 붙여졌다. 본래 차슈(叉燒 chāsīu)의 차(叉, 작살 차)는 고기를 꿰는 작살을 의미하며 슈(燒, 불사를 소)는 굽는 과정을 의미한다. 꼬치에 꿰어 숯불에서 로스팅 하는 전통 차슈 요리법에 알맞은 이름이라 할 수 있다. 일본식 차슈는 중국의 차슈와 만드는 법이 확연히 다르다. 소스를 발라 숯불이나 오븐을 이용해서 구워 만드는 중국식 차슈와 달리 일본식 차슈는 간장 베이스의 육수에 졸여 만들기 때문이다.

한국에서는 찾아보기 어렵지만, 광동지역은 물론 말레이시아, 태국, 베트남 등지에서는 윤기 흐르는 소스를 발라 구운 차슈를 쉽게 마주칠 수 있다. 차슈의 본산이라

할 수 있는 홍콩에서는 차슈와 더불어 로스팅 된 거위나 닭을 주렁주렁 전시하듯 걸어 두는 식당이 많다. 이러한 광동식 바비큐 요리를 통틀어 슈메이(燒味)라고 하는데, 2011년의 설문조사에 따르면 홍콩 사람들은 4일에 1번꼴로 슈메이를 먹는 것으로 나타났다.

차슈는 슈메이 가운데서도 범용성이 높다. 밥에 올려 먹으면 차슈판(叉燒飯), 국수에 올려 먹으면 차슈미엔(叉燒麵), 호빵 같은 반죽 속에 넣어 찌면 차슈바오(叉燒包)가 된다. 슈메이 전문점뿐 아니라 차찬텡에서도 차슈판이나 차슈미엔을 쉽게 접할 수 있다. 그중 차슈판은 한국인에게 잘 알려진 홍콩 영화에 여러 번 등장하기도 했다. 「중경삼림」(1994)에는 양조위가 경찰 동료들과 노천식당에서 차슈판을 먹다가 여주인공을 우연히 마주치는 장면이 있다. 「식신」(1996)에서 주성치가 자신의 명예를 건 경연 대회에서 가장 맛있게 먹었던 음식을 떠올리며 만든 요리 또한 차슈판이었다. 차슈판의 편안한 맛을 떠올리면, 두 영화에 차슈판이 등장하게 된 이유를 이해할 수 있게 된다.

3-4인분

차슈판(차슈덮밥) 조리법

✔ 한국에서는 아쉽게도 광동식 차슈를 접하기 어렵다. 하지만 오븐을 통해 간단히 차슈를 만드는 레시피가 있으니 도전해봄직하다. 가정용 레시피에서는 꿀과 섞은 차슈 소스를 고기에 여러 번 덧발라 구우며 차슈를 만든다. 마리네이드 소스를 만들 재료와 고기만 구하면 이미 반은 요리가 끝났다고 볼 수 있을 정도로 어렵지 않다.

- 돼지고기 1.5 kg(삼겹살 또는 목살)

소스 재료

- 일반 간장 2 tbsp
- 굴소스 1 tbsp
- 호이신 소스 1 tbsp
- 오향분 1/2 tsp
- 꿀 4 tbsp
- 청주 또는 소흥주 1 tbsp
- 마늘 다진 것 1 tbsp

색을 위한 옵션(추가하면 더 선명한 적갈색을 낼 수 있다.)

- 노추(진한 간장) 2 tsp
- 부유(발효 홍두부) 1 조각

덮밥 부재료

- 달걀 1알
- 청경채 5 줄기
- 밥
- 향유 재료: 식용유, 양파, 대파 약간

1. 소스 재료를 다 섞은 후 돼지고기와 함께 지퍼백에 넣어 마사지하듯 섞어준다.
   12시간에서 24시간 정도 냉장고에 두어 소스가 고기에 배도록 한다.

2. 고기를 양념하고 남은 소스를 5 tbsp 정도 따로 담아 꿀 4 tbsp과 섞는다.
   그 외 5 tbsp 정도는 덮밥 소스로 따로 담아둔다.

3. 1의 고기를 200도로 예열한 오븐에서 10분 정도 굽는다.
   꺼내서 2의 소스를 고루 바른 후 다시 10분 정도 굽는다. 이 과정을 4번 반복한다.

4. 로스트 한 고기는 칼로 썰어둔다.

5. 팬에 식용유와 대파, 양파를 넣고 약불에서 살짝 갈색빛이 돌 때까지 익힌 후,
   대파와 양파는 건져내어 향유를 만든다.

6. 덮밥소스용으로 담아둔 양념에 물을 3 tbsp 섞어 한번 끓여 양념 소스를 만든다.

7. 청경채를 끓는 물에 3분 정도 데친다.

8. 달걀 프라이를 만든다.

9. 그릇에 밥을 담고 양념 소스를 살짝 뿌린 후, 차슈와 청경채,
   달걀 프라이를 올린다. 향유를 둘러 완성한다.

일본

쇼가야키 참프루

집에서 요리로

일본을 여행하기에 앞서

일본요리에는 한국인에게 익숙한 재료가 많이 사용된다. 한국과 일본은 지리적으로도 가깝고 역사적으로도 얽혀 있었던 만큼 요리 분야에서 많은 교류가 있었다. 일본 요리 재료는 주변에서 어렵지 않게 구할 수 있다.

일본요리를 위한 기본 재료

1. 간장: 일본요리의 핵심이다. 쯔유, 타레소스, 폰즈 등 간장을 베이스로 한 다른 소스도 많다.

2. 쯔유: 간장+가다랑어포. 소바나 우동 국물의 핵심이 되는 맛이다.

3. 타레소스: 간장+청주, 미림, 설탕. 달달하고 진득한 소스로 장어구이나 꼬치구이를 할 때 발라서 사용한다. 해외에서는 데리야키 소스라는 이름으로 널리 알려져 있다.

4. 폰즈: 간장+유자, 레몬 등 시트러스류 과즙, 식초. 튀김 요리 등을 찍어 먹으며 상큼한 맛과 향이 특징이다.

5. 청주(사케): 고기를 비롯한 재료의 잡내를 없애기 위해 사용된다.

6. 미소: 흔히 된장과 유사한 것으로 묘사하지만 입자가 가늘어 된장보다 질감이 부드럽고 가벼우며 은은하게 단맛이 감돈다. 크게 시로미소(백미소)와 아와세미소(백+적미소), 아카미소(적미소)로 분류한다. 색이 진할수록 발효 기간이 긴 것이고 짠맛과 발효 풍미가 진해진다.

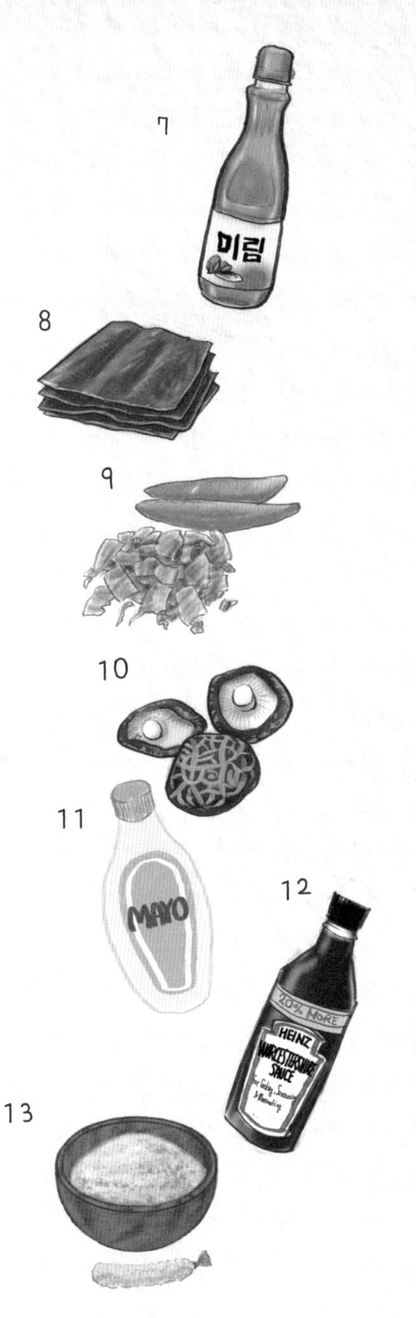

7. 미림: 쌀을 원료로 하는 술의 일종이며, 소스에 자연스러운 단맛을 추가한다. 알코올 성분이 있기 때문에 고기의 잡내를 잡는 역할을 하기도 한다. 간장, 청주, 미림이 짝을 이루어 짭짤하면서도 달달한 맛을 내는 요리를 흔히 찾아볼 수 있다.

8. 다시마: 국물에 자연적인 감칠맛을 추가한다. 가장 간단한 방법은 건다시마 표면의 찌꺼기를 흐르는 물에 살짝 씻은 후 물에 담가 하룻밤 우려내는 것이다.

9. 가쓰오부시: 가다랑어를 훈제한 후 발효하여 건조한 것이다. 가정에서는 사용하기 편하도록 대패로 간 형태(花かつお, 하나가쓰오)가 많이 사용된다. 육수의 재료가 되거나 곁들임용(타코야키나 오코노미야키, 아게다시도후 등에 올리는 등)으로 쓰인다.

10. 표고버섯: 다시마와 마찬가지로 감칠맛을 우려내는 용도로 사용되며 버섯 그 자체의 식감과 맛을 즐기는 요리도 많다.

11. 마요네즈: 어떤 음식에나 마요네즈를 곁들여 먹는 사람을 '마요라'라고 지칭할 정도로 일본인들의 마요네즈 사랑은 유별난 구석이 있다. 오코노미야키나 타코야키를 좋아한다면 꼭 구비해야 한다.

12. 우스터소스: 요쇼쿠(洋食) 요리(서양요리의 영향을 받아 일본식으로 변화시킨 요리-돈가스, 오므라이스 등)뿐 아니라 오코노미야키, 타코야키, 야키소바 등에도 널리 쓰인다.

13. 빵가루(판코): 돈가스 등 일본식 튀김을 좋아한다면 집에 구비해둘 만하다. 입자가 커서 바삭바삭한 식감을 준다. 양식 튀김 요리에 많이 쓰이는데, 이 경우 원재료에 밀가루, 달걀, 빵가루 순으로 코팅하는 경우가 많다.
* 일본식 튀김(텐푸라) 반죽은 밀가루, 달걀, 얼음물을 섞어 만든다.

쇼가야키: 일본의 독특한 고기요리 역사

유독 고기 누린내에 민감한 사람들이 있다. 그런데 만일 한 나라의 사람들 대부분이 고기 누린내에 민감하다면, 그 나라의 식문화는 어떠한 방식으로 발달하게 될까? 그리 멀지 않은 나라, 일본의 이야기이다.

일본의 식문화사에서 육식이 허용된지는 200년도 채 되지 않았다. 돈가스와 야키토리, 스키야키 등의 요리가 널리 퍼진 현재와 비교가 된다. 일본의 '채식 국가화'는 종교적인 이유로 시작되었다. 675년, 불교를 국교로 선포한 텐무텐노가 전 국민의 육식을 금지하는 대대적인 육식 금지령을 내린 것이다. 이로부터 무려 1200년 정도가 지나 메이지텐노가 1871년에 육식 금지를 해제하기까지, 일본의 고기요리 문화는 소실되다시피 했다. 돼지와 소의 사육은 금지되고, 사냥으로 잡은 멧돼지, 사슴 등의 고기는 기력을 살려주는 '약재' 취급을 받으며 요리로서의 대접을 받지 못했다.

19세기, 메이지텐노의 육식 금지 해제에는 불교 세력의 약화뿐 아니라 국민의 체력을 높이겠다는 정치적인 목적이 영향을 미쳤다. 서구인들의 큰 덩치와 체력의 비결을 육류 위주의 식문화에서 찾은 것이다. 그러나 이 시기 대다수의 일본인들은 익숙하지 않은 고기 특유의 냄새와 식감에 적응하는 것을 어려워했다고 한다. 따라서 고기의 누린내를 잡기 위한 노력의 일환으로 된장, 사케, 간장, 생강 등 갖가지 재료가 활발히 사용되었다. 일본의 고기 양념에서는 이렇듯 고기의 잡내를 가리기 위한 장치를 쉽게 찾을 수 있다.

오늘의 요리인 쇼가야키(生姜焼き)는 위와 같은 일본 고기요리의 전통을 극대화한 요리이다. '쇼가(生姜)'는 생강을, '야키(焼き)'는 구이를 의미하므로 '쇼가야키'는 '생강 구이'라는 뜻이 된다. 생강과 간장이 절묘하게 합을 이룬 소스가 그 힘을 발휘하여 누구라도 돼지고기를 맛있게 즐길 수 있도록 일조한다. 참고로 생강은 한국요리에 마늘이 사용되는 빈도와 비견될 정도로 일본에서 즐겨 사용되는 재료이다.

오늘날의 쇼가야키는 '샐러리맨의 식사'라는 별명을 얻을 정도로 친숙한 식당 메뉴가 되었다. 도쿄의 유흥가로 유명한 긴자가 그 사연의 배경이다. 1940년대, '제니'라는 식당에서 요리사는 늘어나는 배달 주문에 골머리를 앓고 있었다. 이에 빨리 만들 수 있는 고기 안주를 찾던 끝에 쇼가야키를 적극적으로 판매했다고 한다. 그리 유명하지 않던 쇼가야키를 널리 퍼뜨린 공로를 인정받을 만하건만, 이 술집은 오래전에 사라져버렸다고 전해진다. 1945년 3월 수차례에 걸쳐 이루어진 대공습으로 긴자 거리 전체가 잿더미가 되어버렸다고 하니, 그 화마를 버티지 못한 것이 아닐까 추측해본다.

쇼가야키를 유행시킨 식당은 사라졌지만, 쇼가야키는 꿋꿋이 일본 대중 사이에서 살아남았다. 집에서 간편히 준비하는 가정식으로도, 퇴근길의 직장인이 맥주 한 잔과 함께 두둑이 배를 채를 채울 수 있는 안주 겸 식사 메뉴로도 쇼가야키는 자신만의 역할을 톡톡히 수행하고 있다. 누구든 돼지고기를 즐길 수 있도록 하는 향긋한 생강의 힘이 그 인기의 바탕에 있었음이 틀림없다.

2인분

쇼가야키 조리법

✔ 식당에서 판매하는 쇼가야키에는 양을 늘리기 위해 백이면 백 양파가 들어간다고 한다. 양념에 절여진 양파맛 또한 은근한 별미이기는 하다.

돼지고기 재료

- 얇게 썬 돼지고기 (등심이나 삼겹살, 약 200-250g)
- 후추
- 밀가루

생강소스 재료

- 간장 1 tbsp
- 청주1 tbsp
- 미림 1 tbsp
- 설탕 1/2 tsp
- 간 생강 1/2 tbsp
- 간 마늘 1/2 tsp

기타

- 참기름 약간
- 양배추나 당근, 오이 등을 채 썬 것

1. 돼지고기에 후추를 뿌린다. 체를 사용해 밀가루를 솔솔 뿌린다. 고기를 뒤집어 반대편에도 후추와 밀가루를 뿌린다. 간장, 사케, 미림, 설탕, 간 생강, 간 마늘을 섞어 소스를 만든다.

2. 팬을 중불로 달군 후, 참기름을 한 스푼 넉넉히 둘러 준비한 돼지고기를 굽는다. 돼지고기의 양면을 한 번씩 익힌다. 부드러운 식감을 위해 얼추 익었다 싶으면 재빨리 뒤집어야 한다.

3. 준비한 생강 소스를 끼얹는다. 소스가 돼지고기에 잘 스며들 때까지 팬을 흔들어가며 열을 가한다. 고기가 너무 질겨지지 않도록 1-2분 정도만 소스에 익히되 소스의 점성이 생길 때까지 기다리도록 한다.

4. 채 썬 채소를 곁들인다.

참프루: 오키나와의 역사를 되돌아보게 하는 요리

오키나와를 여행하다 보면 일본 본토와 오키나와는 문화적 차이가 존재한다는 사실을 느끼게 된다. 그럴 수밖에 없는 것이, 1870년대 일본제국에 합병되기 이전까지 오키나와는 일본과 분리된 독립왕국이었다. 현재까지도 오키나와를 일본에서 독립시켜야 한다고 주장하는 단체가 있을 정도이니 강제 합병에 대한 반감이 완전히 해소되지 않았음을 짐작할 수 있다. 20세기는 오키나와에 있어 그야말로 고난의 시기였다. 태평양 전쟁으로 인한 강제징집과 식량 압수, 징발이 이어졌으며 1945년의 오키나와 전투에서는 민간인의 3분의 1이 사망하는 참사가 발생하기도 했다. 일본의 항복 이후로는 삼십 년 가까이 미국의 직할통치를 받았다. 동아시아 중개무역으로 발전한 왕국에서 일본제국의 영토로, 미국의 통치를 받는 지역으로, 다시 일본의 현이 되기까지, 오키나와는 쉴 틈 없이 강력한 변화의 물결 한가운데 놓여 있었다.

오키나와의 식문화 또한 주변국의 영향을 받으며 일본 본토와 다른 독특한 방향으로 발전했다. 이러한 발전과정을 보여주는 요리로 '참프루'가 있다. '참프루'는 오키나와어로 '이것저것을 혼합하는 것'을 뜻한다. 이름 그대로 채소와 고기 등의 재료를 자유롭게 조합하여 볶아내는 요리이다. 이러한 소박함 덕에 참프루는 부엌을 담당하던 어머니들의 사랑을 한 몸 가득 받을 수밖에 없었다. 어머니의 요리는 곧 자식의 추억이 되었고 참프루는 오키나와인의 추억을 자극하는 소중한 요리로 자리 잡게 되었다.

참프루는 요리법뿐 아니라 문화교류의 차원에서도 '이것저것을 혼합하다'는 그 이름에 충실하다. 오키나와의 역사 속에 등장했던 많은 나라들을 참프루 안에서 찾을 수 있기 때문이다. 첫째로, 재료를 한데 모아 볶아내는 조리법은 중국의 볶음 요리 기법과 유사하다. 참프루의 주요 재료인 두부나 후(밀가루 글루텐을 가공한 재료)는 중국에서 기원하여 일본으로 전해진 재료이다. 스팸이 들어가는 경우도 많으며, 이는 다분히 미군 주둔의 영향이다. 이는 일본 본토 요리의 영향을 받아 아지노모도(msg)와 가쓰오부시가 사용되기도 한다. 반면, 고야(여주)와 같은 오키나와 향토 재료를 사용한다는 점에서는 오키나와 본유의 독자성도 살아있다.

그래서일까, 많은 이들이 여러 나라의 문화를 수용하는 가운데 독자적으로 발전한 오키나와의 문화를 가리켜 '참프루 문화'라고 일컫는다. 푸른 바다와 아열대의 분위기를 찾아 오키나와를 찾은 여행객 또한 참프루 문화를 알게 모르게 경험하게 된다. 중국의 건축양식을 떠올리게 하는 슈리성이라든가, 미국의 시스템을 딴 자동차 중심의 도로교통 등이 그 예이다. 오키나와의 대표 요리인 라후테(동파육의 영향을 받은 돼지고기 조림)나 타코라이스(미군을 대상으로 개발된 요리) 먹을 때도 그렇다.

두부 참프루, 소면 참프루, 후(글루텐) 참프루 등 다양한 참프루 요리가 있지만 참프루 레시피 중 으뜸으로 여겨지는 것은 '고야(여주) 참프루'이다. 여주의 씁쓸한 맛이 강렬하게 느껴지는 요리이다. 오키나와에서 나고 자란 사람도 어른이 되어야 비로소 그 맛을 즐기게 된다 하여 '어른의 요리' 취급을 받는 요리이기도 하다. 오키나와 여행 중 어느 이자카야에서 고야 참프루를 시켜놓고서 쉽사리 익숙해지지 않는 그 쓴맛에 압도되었던 경험이 있다. 씁쓸한 고야(여주) 조각의 맛이 문득 기억날 때면, 오키나와인들이 겪어야 했던 근현대의 쓰디쓴 역사의 파고도 함께 떠올리게 된다.

두부 참프루 조리법

2인분

✔ 밀가루 글루텐이나 여주보다 손쉽게 구할 수 있는 두부를 사용해 참프루에 도전해보자.

재료

- 두부 한 모: 원래 오키나와 향토 두부인 섬두부를 사용하는 레시피이지만 한국에서 구하기 힘든 관계로 비교적 단단한 부침 두부를 사용하기로 한다. 키친타월로 물기를 살짝 제거해둔다.
- 채소류: 다양한 재료를 자유롭게 사용하는 것이 참프루의 묘미이다. 보통 숙주, 채 썬 당근과 양파를 기본으로 한다. 양배추나 쪽파, 파프리카 등을 더해도 좋다.
- 스팸을 길게 썬 것
- 양념 재료: 다시다 가루와 간장, 소금을 취향에 따라 적당하게, 본인이 필요한 만큼, 원하는 만큼 자유롭게만드는 것이 참프루의 특징이다.

조리 과정

1. 각종 채소와 스팸은 적당한 크기로 가늘게 썬다.
   물기를 제거한 두부는 손으로 쪼개서 주사위보다 큰 덩어리로 만든다.
2. 팬에 기름을 두르고 스팸을 볶다가 숙주나 양배추 등 여린 채소를 제외한 채소를 넣고 볶는다.
3. 채소가 반쯤 익으면 손으로 쪼갠 두부를 넣고 볶으며 다시다 가루, 간장, 소금, 후추 등으로 간을 한다.
   두부를 칼로 자르지 않고 쪼개는 것은 두부에 간이 더 잘 배어들도록 하기 위한 것이다.
4. 두부가 살짝 익으면 숙주나 양배추 등의 여린 채소를 넣고 볶는다.

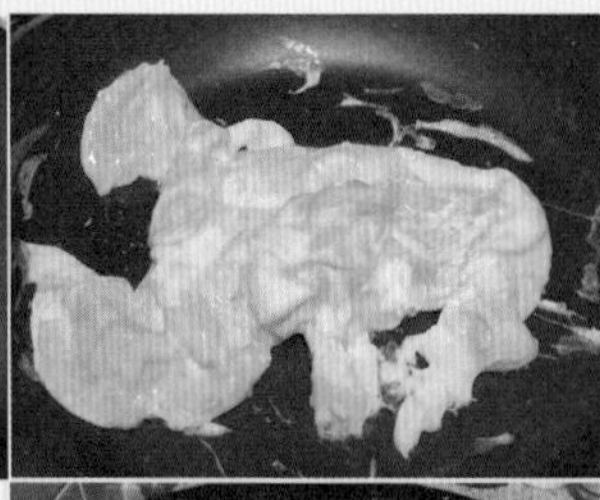

NUOC MAM NHI
FISH SAUCE
베트남
분짜

집에서 요리로

베트남을 여행하기에 앞서

같은 쌀 문화권에 속해서일까, 월남쌈부터 쌀국수까지 베트남에는 한국인의 입맛에 맞는 요리가 많다. 최근에는 반세오나 반미, 분짜 같이 인기를 끄는 베트남요리의 가짓수가 늘어나고 있다.

베트남요리를 위한 기본 재료

1. 피시소스(nước mắm, 느억 맘): 생선을 발효하여 만든 피시소스는 우리나라의 액젓과 그 맛이 유사하며 찌릿한 향과 감칠맛, 짠맛이 특징이다. 베트남 요리 전반에 사용되는 핵심과도 같은 소스이다.

2. 튀긴 샬럿 or 튀긴 양파 가루: 요리의 마지막에 튀긴 샬럿(또는 양파) 가루를 올리는 경우가 왕왕 있다. 직접 만들 수도 있지만 기성품을 사용하면 편하다.

3, 라임, 고수, 레몬그래스, 고추

4. 스타아니스(팔각), **정향, 시나몬**: 쌀국수의 향을 담당하는 허브와 향신료들이다.

5. 다양한 면: 아래보다 훨씬 많은 종류가 있다. 한국에는 건조된 면이 수입되고 있지만 현지에서는 생면을 사용하는 편이다.

* 버미셀리 누들 (bún, 분): 소면처럼 얇은 쌀국수 면이다. 소스에 적셔먹는 경우가 많은데, 분짜(bun cha)가 대표적이다.

* 포 누들 (bánh phở, 반 퍼): 쌀국수(퍼)에 들어가는 대표적인 면으로 납작한 형태이다.

* 라이스페이퍼(bánh tráng, 반 짱): 월남쌈(Gỏi cuốn, 고이 꾸온)과 춘권(Chảgiò, 짜조)을 만드는 데 필수적인 재료. 피자와 비슷하게 토핑을 올려 화로에 구워 먹는 반짱누옹을 만드는 데에도 쓰인다.

* 미엔(Miến): 녹두 당면. 닭 육수 수프나 볶음 요리에 사용된다.

* 미(Mì): 에그 누들. 노란색을 띠는 밀로 만든 면으로 볶음 요리에 많이 사용된다.

분짜: 분짜와 오바마의 인연

하노이를 찾는 관광객이라면 꼭 한 번 방문을 시도하게 되는 식당이 있다. '흐엉리엔'이라는 이름의 식당으로, 2016년에 당시 미국대통령 오바마가 방문해 유명해진 식당이다. 미국의 대통령이 다녀갔다고 하면 왠지 고급적인 식당일 것이라 추측하겠지만 이 '흐엉리엔'은 현지인들도 즐겨 찾을 정도로 대중적인 곳이며, 대표 메뉴인 분짜는 우리나라 돈 이천 원도 채 되지 않는다. 오바마의 분짜 맛집 방문은 당시 베트남 현지인들 사이에서도 대단한 파격이었다고 한다. 오바마 대통령은 어쩌다 이곳에서 분짜를 먹게 된 것일까?

오바마 대통령을 분짜 식당으로 이끈 장본인은 지난 2016년에 작고한 미국의 요리사이자 TV쇼 진행자인 앤써니 보댕이다. 세계 각지의 요리를 주제로 백종원의 '스트리트 푸드파이터' 시리즈의 원조격 되는 TV쇼를 수차례 찍은 전력이 있는 유명인이다. 오바마 대통령이 베트남에 대한 무기 거래 금지를 완화하는 것을 주제로 한 회담을 갖기 위해 베트남을 방문했을 때, 보댕 또한 CNN의 여행 프로그램 촬영을 위해 베트남에 있었다. 비밀리에 '그분을 모시고 갈 현지 식당을 추천해 달라'라는 요청을 받았을 때, 그는 이 '흐엉리엔'의 새파란 플라스틱 의자에 오바마 대통령이 앉아 있는 상상을 머릿속에서 지울 수 없었다고 한다.

이 두 사람이 다른 손님들로 가득한 좁은 식당에서, 그들의 키에 비하면 한참 낮아 보이는 플라스틱 의자에 걸터앉아 분짜와 함께 하노이 맥주를 걸치는 사진이 앤써니 보댕의 트위터에 게시되자 반응은 폭발적이었다. 어느 인터뷰에서 보댕은 자신이 그날의 식사 이후 하루아침에 '미스터 분짜'가 되었다고 회고했다. 보댕에 따르면, 하노이 사람들은 미국의 대통령이 수준 있는 호텔 레스토랑 같은 곳에 가지 않고 자신들이 즐겨 찾는 대중적인 분짜 식당을 방문한 것에 충격을 받았다고 한다.

보댕은 하노이 사람들이 자신들 일상의 한 부분을 미국의 대통령에 의해 인정받았다는 사실에 자랑스러움을 느끼고 있는 것 같다는 평을 덧붙였다. 베트남 전쟁을 비롯한 두 나라의 관계를 생각해 보면 상당히 묘하게 느껴지는 반응이다. 오바마 대통령은 이 깜짝 식사의 의도를 구체적으로 밝힌 바가 없다. 하지만 앤써니 보댕이 경험한 하노이 사람들의 환영을 보면 그 의도가 무엇일지 어느 정도 짐작이 된다.

오바마 대통령의 '흐엉리엔' 방문 여파인지는 불분명하지만, 한국 또한 2016년을 전후해 월남쌈과 쌀국수 일변도이던 요식업계에 분짜를 다루는 식당이 급속하게 늘어났다. 단, 분짜가 한국인들 사이에서 지명도를 높이게 된 것은 분짜 본연의 '맛있음' 덕이 더 컸다고 보는 것이 자연스러울 것이다. 분짜는 얇은 버미셀리 국수와 각종 잎채소를 곁들인 돼지고기 석쇠구이 요리이다. 분짜 상인들은 연기를 배출하기 위해 노상이나 골목을 면한 곳에 창을 내고 돼지고기를 굽기 마련이다. 일찍이 베트남의 문학가이자 저널리스트 부방(Vu Bang, 1913-1984)은 1959년의 저서를 통해 하노이를 '분짜에 사로잡힌 도시'라고 묘사한 바가 있다. 하노이의 식당 골목을 걸으면 분짜 돼지고기를 부채질하여 굽는 냄새가 온 거리를 가득 채운다고 하니 충분히 그럴듯한 묘사인 듯하다.

☺ 2-3인분

분짜 조리법

✔ 분짜의 '분'은 쌀국수를 의미한다. '짜'는 다진 고기로 만든 완자나 소시지를 가리키는 단어이다. 따라서 분짜를 구성하는 돼지고기는 덩어리를 단순히 잘라서 구운 것도 있지만 다진 고기를 완자 형태로 뭉친 것이 더 보편적이라고 한다. 분짜 세트를 구성할 때 쌀국수와 고기, 잎채소 외에 이를 찍어 먹을 소스도 포함하는데, 베트남요리의 정수라 할 수 있는 느억맘이 이 짭짤한 소스의 주재료이다. 보다 간편한 조리를 위해 완자를 빚는 대신 덩어리 고기를 사용하기로 한다.

- 돼지고기 500g
- 각종 잎채소
- 버미셀리 국수 적당량

목살을 사용했는데
지방과 살코기의 비율이
적절하여부드럽고 담백했다.

돼지고기 마리네이드 재료
- 다진 마늘 1 tbsp
- 다진 샬럿(또는 양파) 1 tbsp
- 굴소스 1 tbsp
- 설탕 1 tbsp
- 꿀 1 tbsp
- 고형 치킨 스톡 1 tsp
- 후추 1/2 tsp

피클 재료
- 슬라이스 한 콜라비, 당근 각 1 컵
- 소금 2 tsp
- 설탕 1 tbsp
- 식초 2 tbsp

찍어먹는 소스 재료
- 물 3 컵
- 피시소스 1/2 컵
- 설탕 1/2 컵
- 다진 마늘과 다진 고추 약간
- 레몬즙 또는 라임즙(기호에 따라)

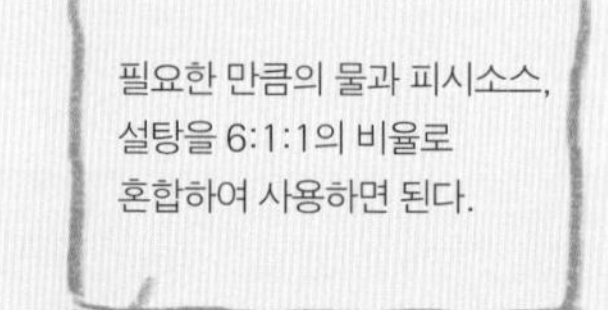

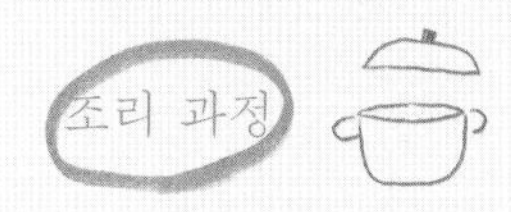

1. 돼지고기를 한 입 크기로 자르고 마리네이드 재료를 손질한 돼지고기와 섞는다.
   비닐봉지나 랩으로 밀폐시킨 후 30분에서 1시간 동안 냉장실에서 재운다.

2. 당근(등의 뿌리채소)은 슬라이스하거나 반달 모양으로 썬다. 소금을 넣고 고루 섞어 당근에서 물이 배어 나오기를 15분간 기다린다. 당근에서 물기가 빠져나오면 흐르는 물에 소금기를 흔들어 씻은 후 남아있는 물기를 짠다. 설탕과 식초를 넣어 1시간 정도 상온에서 절인다.

3. 물과 설탕, 피시소스를 냄비에 넣고 설탕이 녹을 때까지 끓인다.
   설탕이 녹으면 잘 휘저은 후 불을 끈다.

4. 양념한 고기를 석쇠에 올려 석쇠구이를 하거나, 뜨겁게 데워 기름을 두른 팬에 익힌다.
   팬에 구울 때에는 고기에 설탕 양념이 묻어 있으므로 이것이 팬 바닥에 눌어붙어 타들어가지 않도록 주의해야 한다.

5. 모든 재료를 한 상에 차린다. 찍어 먹는 소스는 개인용 소스 그릇에 절반 정도 채우고,
   레몬즙이나 라임즙, 마늘이나 고추를 기호에 따라 더한다.

태국

팟타이

SHRIMP PASTE
MAEPRANOM BRAND
THAI CHILI PASTE
THAI KITCHEN
coconut milk
unsweetened
Green Curry Paste
FISH SAUCE

집에서 요리로
태국을 여행하기에 앞서

한국인의 입장에서 태국요리는 반전에 반전을 거듭하는 요리이다. 사골국같이 뿌연 코코넛 수프에서 레몬주스 저리 가라 하는 신맛이 나지를 않나, 육개장처럼 얼큰해 보이는 국물에서 이상한 비누 향이 나지를 않나, 첫 도전자들에게 상당히 충격적인 인상을 준다. 하지만 그 독특한 매력으로 인해 마니아층이 두껍기도 하다. 태국요리에서는 주요한 4가지 맛인 단맛, 매운맛, 짠맛, 신맛의 조화가 중요시된다. 여기에 허브와 향신료가 더해져 한 스푼 안에서 다양한 맛과 향이 어우러지게 되는데, 이러한 다채로움이 태국요리의 매력이다.

태국요리를 위한 기본 재료

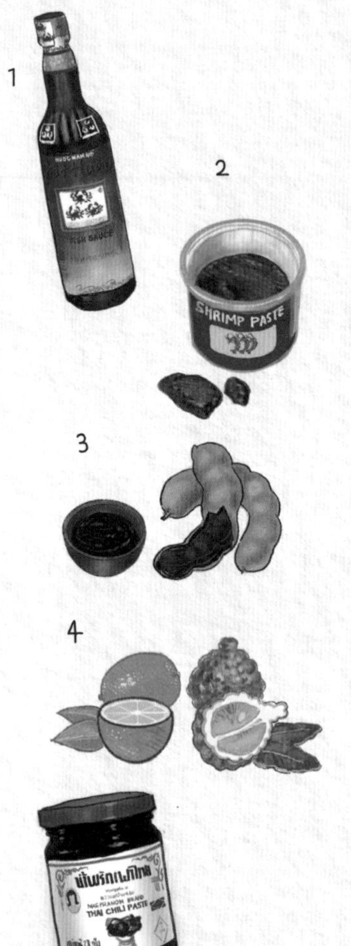

1. 피시소스(남 플라): 태국요리 곳곳에 거의 빠지지 않고 사용되어 짭짤한 감칠맛을 끌어올리는 역할을 한다.

2. 새우 페이스트(카피): 생선이나 새우를 짓이긴 후 발효시켜 진득한 페이스트 형태로 만든 것. 디핑소스(남프릭 카피)를 만들거나 볶음밥(카오 클룩 카피)을 만들 때, 볶음 요리 소스 등 다양한 용도로 쓰인다.

3. 타마린드 페이스트: 태국에서 흔한 콩의 일종인 타마린드를 짓이겨서 만든다. 타마린드의 주된 맛은 강한 신맛과 약간의 단맛이다. 팟타이 소스의 주재료이기도 하다. 태국에 가면 타마린드를 넣은 음료와 간식을 자주 볼 수 있다.

4. 라임즙: 태국요리 특유의 신맛을 담당한다.

5. 타이 칠리 페이스트(남프릭파오): 현대에 들어 인기가 많아진 소스이며 똠얌 수프 레시피에 자주 사용된다. 로스트 한 고추와 오일, 타마린드 등을 혼합하여 만든 소스이다.

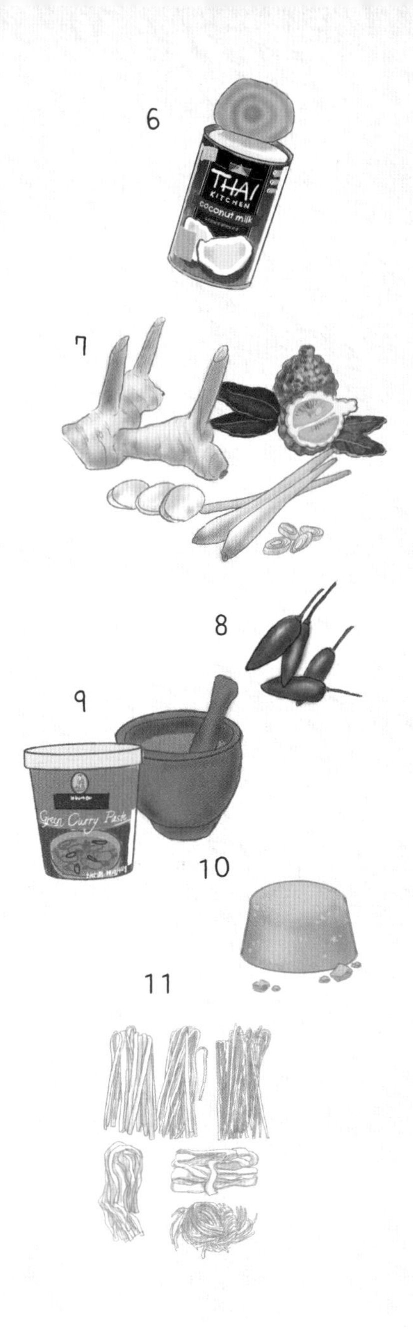

6. 코코넛밀크와 코코넛크림: 수프와 카레, 디저트까지 범용적으로 사용된다. 코코넛밀크는 코코넛 과육과 물을 일대일 비율로 끓여서 만들고 코코넛크림은 코코넛 과육과 물을 4 대 1 비율로 끓여서 만든 것이다. 따라서 크림이 밀크보다 더 진득하고 농도가 짙다.

7. 갈랑갈, 카피르 라임 잎, 레몬그래스: 태국요리의 트리오로 불릴 정도로 필수적인 재료이다. 갈랑갈은 생강과 닮았지만 찬 성질을 지닌 뿌리줄기이다. 라임잎은 라임의 향과 유사한 상쾌한 향을 내뿜는다. 레몬그래스 또한 이름과 같이 레몬향을 내며, 주로 뿌리에 가까운 흰 부분을 요리에 사용한다.

8. 쥐똥 고추(프릭키누): 태국어로 '입이 떡 벌어지는 고추'라는 뜻의 이름을 지니고 있으며 '작은 고추가 맵다'라는 속담과 딱 맞아떨어지는 고추이다.

9. 각종 카레 페이스트: 카레 페이스트를 만드는 과정은 고되다. 돌절구에 고추 및 향신료 등을 넣고 한참을 찧어야 카레 페이스트를 만들 수 있다. 대량생산되는 제품을 사용하면 맛은 떨어지지만 아무래도 편리하다.

10. 팜 슈거: 야자수 꽃봉오리의 수액으로 끓여서 농축시켜서 만드는 설탕의 일종이다. 태국요리의 4대 맛 중에서 단맛을 책임지는 재료이다.

11. 다양한 국수: 태국의 쌀국수는 '꾸어이띠여우'로 통칭된다. 굵기에 따라 세분화된 이름이 있으며(센야이>센렉>센미) 발효시킨 찹쌀로 만든 국수도 있다(카놈찐). 쌀가루가 아닌 밀가루로 만든 국수에는 에그누들(바미)과 카오소이 국수(센 카오소이)가 있다.

팟타이: 총리의 레시피

태국을 여행해본 사람 중 팟타이를 먹어보지 않은 사람은 없을 것이다. 팟타이는 똠얌꿍, 카레와 더불어 태국을 대표하는 음식으로 널리 알려져 있으며, 때문에 팟타이가 오랜 역사를 지닌 전통 요리일 것이라는 추측을 하기 쉽다. 이러한 추측과는 반대로, 팟타이는 1930년대에 만들어진 현대의 요리이다. 팟타이를 발명한 사람의 이름과 유명해지기까지의 과정이 소상히 알려져 있다. 팟타이의 발명가는 태국의 수상이었던 피분송크람이고, 팟타이는 태국 정부의 전폭적인 지원 및 홍보 아래 탑다운으로 전파된 '관제 요리'였다.

피분송크람은 태국의 근현대사에서 빠질 수 없는 입지에 있는 인물이다. 두 번의 군부 쿠데타를 성공시켜 30년에 달하는 독재 권력을 누렸기 때문이다. 그가 첫 번째 쿠데타를 일으켰던 1930년대는 대공황으로 인한 경제 위기와 민족주의의 돌풍이 공존하던 시기였다. 그는 '시암혁명'이라고 이름 붙인 쿠데타를 통해 절대왕정제를 폐지하고 입헌군주제를 도입하였다. '싸얌(Siam)'이던 국호를 '타이(Thai)'로 바꾼 것이 바로 이 시기였다. 이는 태국 내 화교 및 소수민족의 활동을 억압하고 '타이족'을 중심으로 태국인의 정체성을 통일하자는 민족주의 의식의 발로였다.

이러한 흐름 속에서, 팟타이는 타이족의 문화적 우위를 고양하는 작업에 정치적으로 활용되었다. 본래 타이족의 주식은 쌀이었으며, 볶음 쌀국수(꾸에이띠여우 팟)를 위시한 볶음 요리는 중국에서 전래한 요리로 보는 인식이 보편적이었다고 한다. 다수의 중국계 상인들이 볶음 쌀국수를 판매하는 일에 종사하며 수익을 얻고 있었다. 피분의 정부는 중국계 상인들의 우위를 누르고 타이족의 자긍심을 고취시키기 위해 볶음면에 타마린드와 라임, 고추, 팜슈가와 같은 태국적인 재료를 곁들인 레시피를 개발하였다. 또한 이것에 '팟타이(태국의 볶음 요리)'라는 이름이 붙는 과정을 공공연하게 지원했다.

피분 정부의 팟타이 홍보는 조직적이었다. 팟타이의 레시피를 가가호호 전달했고, 상인들에게는 팟타이를 판매할 수 있는 가판대를 제공했다. "타이 것을 사자"라는 캠페인을 펼쳐 중국계 상인들이 팟타이 외의 음식을 판매하는 것을 제한하는 한편 "점심은 국수로"라는 슬로건을 전파해 팟타이의 섭취를 늘리기도 했다. 팟타이의 조직적인 홍보 이후, 몇 년 사이에 거리는 팟타이를 판매하는 상인들로 가득 차게 되었다고 한다.

이러한 인기를 바탕으로, 가파르게 성장하는 관광산업에 힘입어 팟타이는 태국을 상징하는 요리로 세계에 알려지게 되었다. 타마린드와 라임의 새콤함과 팜슈가의 달콤함, 고추의 매콤함이 조화를 이루면서도 크게 거부감이 들지 않는 무난한 맛 덕에 팟타이는 관광객 사이에서 큰 인기를 얻었다. 길을 걷다가 고개를 돌리면 쉽게 찾을 수 있는 접근성 또한 이러한 인기의 밑받침이 되었다.

30년에 가까운 독재를 누린 피분송크람은 1958년 또 다른 독재자에게 수상의 자리를 빼앗기고 국외로 추방되었다. 망명한 이후 태국 땅을 밟지 못한 채 1964년 일본에서 사망했지만, 피분의 적극적 지원 아래 성장한 팟타이는 세계적인 요리로서의 입지를 공고하게 유지하고 있다. 역사적으로 많은 비판을 받는 인물이지만, 팟타이의 맛과 성공은 그 무엇보다도 강렬한 유산으로 남아있음을 부정하기는 어렵다.

2인분

팟타이 조리법

✓ 편의를 위해 시판 팟타이 소스를 사용했지만 직접 소스를 만드는 것도 도전해 봄직하다.

재료

- 쌀국수 면 2인분: 3-5mm 두께의 납잡한 면(센렉)이 사용된다.
- 다진 마늘 4알
- 건새우 1 tbsp
- 숙주 한 줌
- 새우 (and / or) 닭 가슴살 적당량
- 달걀 2 알
- 두부 1/2모: 원래 팟타이에는 부침 두부보다 배로 단단하게 가공된 두부가 들어간다. 구하기가 어려우므로 부침 두부를 기름에 튀기듯 구운 것으로 대신한다.
- 토핑용 재료: 다진 땅콩, 크러쉬드 페퍼(고춧가루), 부추 등
- 팟타이 소스 적당량

직접 만드는 팟타이 소스 재료

- 설탕 4 tbsp, 타마린드즙 4 tbsp, 라임즙 1 tbsp, 식초 1 tbsp
  피시소스 1 tbsp, 스리라차 소스 1 tbsp

1. 두부 반 모를 얇게 썬다. 기름을 살짝 두른 팬에 부쳐서 단단하게 만든다.
2. 쌀국수 면은 미지근한 물에 20분간 또는 뜨거운 물에 3분 정도 알 덴테 식감이 되도록 불려 둔다.
3. 식용유를 두른 팬에 마늘과 건새우를 넣고 볶는다.
4. 닭 가슴살, 새우, 두부 등의 단백질원을 팬에 넣고 함께 볶는다.
5. 풀어둔 달걀을 팬에 넣고 볶는다.
6. 미리 불린 면을 넣고 면이 거의 다 익을 때까지 다른 재료와 함께 볶는다.
7. 6에 팟타이 소스를 적당량 넣고 잘 섞이도록 볶는다. 숙주와 쪽파를 넣고 30초 정도 더 익힌다.
8. 완성한 팟타이 옆에 볶은 땅콩, 크러쉬드 페퍼(고춧가루), 숙주와 쪽파 약간을 올려 완성한다.

인도네시아

나시고렝

집에서 요리로

인도네시아를 여행하기에 앞서

수많은 섬으로 이루어진 인도네시아는 예로부터 교역의 요지였다. 네덜란드의 식민지배를 받고 이슬람교를 비롯한 여러 종교의 영향을 받게 되면서 다양한 문화의 교차점에 놓이게 된 인도네시아는 요리 또한 인도, 아랍, 중국, 네덜란드 등 다양한 문화권의 특성을 반영하고 있다.

인도네시아의 기후 또한 요리 문화에 영향을 끼쳤다. 무더운 열대 기후 속에서 음식이 상하는 것을 막기 위해 고추와 갈랑갈, 레몬그래스 등의 향신채와 각종 향신료가 빈번히 사용되었다. 기름에 볶거나 설탕을 첨가하는 것 또한 음식의 보존에 크게 기여한다. 그래서 인도네시아에는 기름에 볶은 매콤 달달한 요리가 많다.

인도네시아요리를 위한 기본 재료

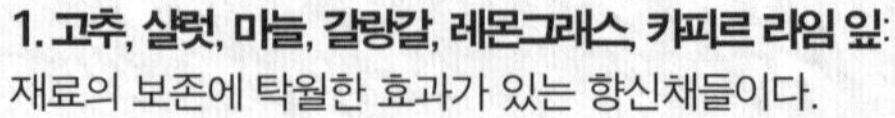

1. 고추, 샬럿, 마늘, 갈랑갈, 레몬그래스, 카피르 라임 잎: 재료의 보존에 탁월한 효과가 있는 향신채들이다.

2. 큐민, 코리앤더, 터머릭: 갖가지 향신료와 향신채를 절구에 빻아 섞은 것을 '붐부(bumbu)'라고 부른다. '스파이스 믹스'라는 의미로, 대다수의 인도네시아 요리는 이 붐부 만들기에서 시작한다고 해도 과언이 아니다. 붐부의 주된 재료로는 샬롯과 마늘, 큐민과 코리앤더, 터머릭 등이 있다.

3. 케찹 마니스: 간장에 팜슈가를 더해 보통 간장보다 더 달고 진득한 질감이다. '케찹(kecap)'은 간장을, '마니스(manis)'는 단 것을 의미한다. 특유의 진한 갈색이 마치 캐러멜 색소처럼 먹음직스러운 색을 낸다.

4. 트라시: 새우를 발효한 후 이를 건조하여 만든다. 네모난 블록 모양을 내어 굳히는데, 일본의 고형카레와 비슷한 모양이지만 그 향은 청국장과 액젓에 비견될 정도로 강렬하다. 삼발 레시피에 자주 등장하는 재료이다. 편리를 위해 페이스트 형태로 으깨어 놓은 제품도 많다. 이웃한 말레이시아에서는 블라찬(Balacan)이라는 이름으로 불린다.

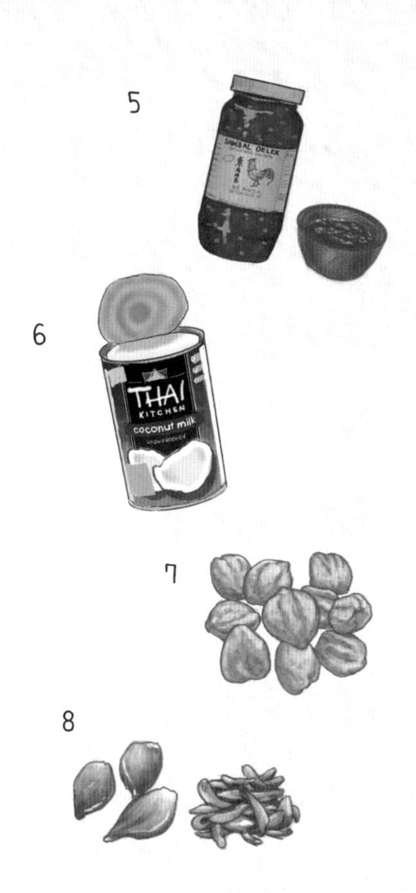

5. 삼발: 인도네시아의 대표 소스로 고추와 갖가지 향신료를 절구에 으깨어 만든 핫소스이다. 새우 페이스트를 넣으면 삼발 트라시(sambal terasi), 설탕과 땅콩을 넣으면 삼발카창(sambal kacang), 생강과 레몬그래스, 라임을 넣으면 삼발 올렉(sambal ulek)이 된다.

6. 코코넛밀크와 코코넛크림: 른당(rendang) 등의 스튜 요리나 수프, 디저트 요리에 자주 등장하며, 밥을 지을 때 코코넛밀크를 넣기도 한다. 이웃나라 말레이시아에서 유래한 나시르막이 널리 알려져 있다.

7. 캔들넛: 마카다미아와 비슷한 견과류로, 소스나 커리 등에 다양하게 쓰인다. 보다 구하기 쉬운 마카다미아로 대체할 수 있다.

8. 바왕고렝: 샬럿을 튀긴 것으로 바삭함과 향이 일품이다. 가니쉬 용도로 자주 사용된다.

나시고렝: 볶음밥의 매콤달콤한 여행

볶음밥은 장점이 많은 요리이다. 묵은 밥을 재활용할 수 있다는 점이 핵심이다. 백지에 그림을 그리듯 다양한 재료를 조합할 수 있다는 점 또한 매력적이다. 볶음밥은 동아시아와 동남아시아 지역에 널리 퍼져 있는데, 그 유래는 중국이라고 알려져 있다. 이후 수백 년 동안 나라마다 고유한 환경과 재료를 반영하여 발전해나갔기에 알려진 볶음밥 레시피만 해도 수백 가지가 넘게 되었다. 인도네시아의 나시고렝은 그 중에서도 나름의 유명세를 톡톡히 떨치고 있는 요리이다. 2011년 세계에서 가장 맛있는 음식을 뽑는 BBC 설문조사에서 1위인 른당(Rendang)에 이어 2위를 차지한 적이 있어 더욱 널리 알려지게 되었다.

볶음밥의 조리법을 인도네시아에 알린 것은 중국의 상인들이었다. 곳곳에 정착하여 상업에 종사하던 중국계 이주민들이 볶음밥을 위시한 볶음 기술의 전령사 역할을 했다. 명나라 말기 중국 본토에서 웍이 대중화되어 생활필수품의 위치에 오르자, 상인과 이민자들이 자신들의 짐에 웍과 조리 국자를 필수적으로 챙기게 되었다고 한다.

사시사철 무더운 기후 속에 살아가던 인도네시아인들은 볶음밥에서 또 다른 장점을 발견했다. 뜨거운 불에 다시 볶아주는 과정을 통해 밥의 보존성이 눈에 띄게 향상된 것이다. 볶음밥의 대중화 이전, 인도네시아인들은 누룽지를 만들거나 건조해 쌀가루를 만드는 방식으로 남은 밥을 재활용했다. 누룽지와 쌀가루는 건조 가공 이후에 추가적인 조리가 필요했다. 반면, 볶음밥은 남은 밥을 있는 그대로 요리로 만들 수 있다는 점에서 큰 이점이 있었다. 게다가 설탕과 간장, 고추 등 여러 향신채가 들어간 소스를 더하자 볶음밥의 보존성은 월등히 높아졌고, 인도네시아인들은 무더운 날씨에도 상하지 않고 안전하게 남은 밥을 먹을 수 있게 되었다. 냉장고가 없던 시절 인도네시아의 부엌에서는 전날 먹고 남은 밥이 쉬어버리기 전, 이른 아침에 이를 볶음밥으로 요리하는 모습이 일상적이었다고 한다.

나시고렝은 피시소스로 간을 하는 태국이나 베트남의 볶음밥보다 밥알의 색이 더 짙다. 케첩 마니스와 삼발이 쌀알을 먹음직스러운 적갈색으로 물들이는 역할을 한다. 또한 케첩 마니스의 짠맛과 단맛, 삼발소스의 매운맛이 더해져 입에 쩍쩍 붙는 중독성 있는 맛을 겸비하게 된다. 여기에 튀긴 샬럿(바왕고렝)과, 끄루푹(새우 크래커), 오이 피클, 달걀 프라이와 삼발을 얹으면 나시고렝의 전형적인 모습을 조합해낼 수 있다. 인도네시아인들은 나시고렝 레시피의 다채로움을 존중하며, 각 가정마다 고유의 취향과 레시피가 있어 나시고렝의 맛이 조금씩 다르다고 한다. 한국에서 나시고렝을 만드는 우리들 또한 가벼운 마음으로 냉장고 속의 재료를 자유롭게 활용해보는 여유를 가져보자.

1인분

나시고렝 조리법

- 오일 3-4 tbsp
- 마늘 4 알 다진 것
- 양파 반 개 또는 샬럿 한 개 다진 것
- 닭고기 적당량
- 풀어놓은 달걀 1 개
- 프라이용 달걀 1 개
- 밥 한 공기
- 소금, 후추 적당량
- 케첩 마니스 3 tsp
- 삼발 소스 3 tsp
- 가니쉬용: 오이 슬라이스, 토마토 슬라이스, 알새우칩 등

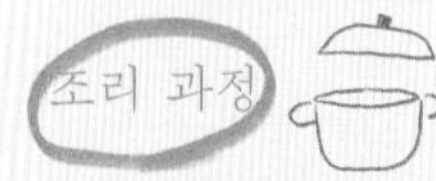

1. 팬에 기름을 두르고 손질한 마늘을 넣고 볶는다.
2. 마늘이 노르스름하게 변하면 잘게 썬 닭고기를 넣고 볶는다.
   닭고기가 절반 정도 익으면 손질한 양파를 넣고 함께 볶는다.
3. 양파가 노르스름하게 익으면 중간에 공간을 만들어 달걀물을 푼 후 스크램블드 에그를 만든다.
4. 식은 밥을 넣어 볶는다.
5. 삼발 소스, 케찹 마니스, 소금, 후추를 넣고 소스가 잘 섞이도록 볶는다.
6. 모양을 낸 밥 주변에 프라이한 달걀, 토마토, 오이를 올려 완성한다.

싱가포르
하이난 치킨 라이스

집에서 요리로

싱가포르를 여행하기에 앞서

작은 도시국가인 싱가포르에는 수많은 나라의 요리문화가 뒤엉켜있다. 다양한 민족으로 이루어진 인구구성으로 인하여 중국, 말레이시아, 인도, 인도네시아에 더해 영국을 위시한 서양의 요리가 고유의 특성을 유지하면서도 융합되어 싱가포르만의 독특한 요리문화를 형성했다. 중국계 이주민과 말레이계 현지인이 혼인을 통해 가족을 이룸으로써 탄생한 페라나칸(Peranakan) 문화가 바로 이러한 융합의 상징적인 예이다.

싱가포르요리에 사용되는 기본 재료는 앞서 설명한 인도네시아요리의 재료와 상당 부분 비슷하다.

하이난 치킨 라이스: 호커센터와 환상적인 케미

싱가포르를 여행한다면 최소 한 번은 호커센터에서 식사를 하게 된다. 호커센터는 싱가포르 식문화의 핵심적인 공간이다. 넓게 트인 공간에 규격화된 사이즈의 작은 식당 수십 개가 모여 있으며, 그 가운데 공용으로 사용하는 테이블이 늘어서 있는 구조이다. 누구나 다양한 종류의 요리를 부담 없는 가격에 맛볼 수 있는 장소로서 현지인은 물론 여행자 사이에서도 인기가 높다.

호커센터는 1960년대, 급속한 도시화 속에서 위생적인 음식을 저렴하게 보급하기 위해 정부 주도로 만들어졌다. 호커(hawker)는 영어로 '행상인'을 뜻한다. 따라서 호커센터는 요리를 파는 행상인을 한데 모아놓았다는 의미가 된다. 호커센터가 만들어지기 전의 싱가포르에는 여느 동남아 국가와 마찬가지로 노상에서 음식을 판매하는 상인들이 많았다. 거리에는 이들이 남긴 쓰레기와 음식물이 쌓였고 위생관리가 어려워 문제가 되었다. 이를 해결하기 위해 싱가포르 정부는 노동자들에게 저렴한 식사를 제공하는 기능을 유지하면서도 위생수칙을 지키면서 영업토록 하는 공간을 구상해야 했다. 이렇게 도시 곳곳에 만들어진 호커센터는 도시 저소득층의 복지를 향상시키는 역할을 톡톡히 수행했다.

호커센터는 '정부 주도의 강력한 규제'라는 싱가포르의 정체성을 확인할 수 있는 공간이다. 싱가포르 정부는 라이선싱 부여 및 벌금 부과 등의 방법으로 호커센터 내 식당에 대한 일정 수준 이상의 위생관리를 도모하고 있다. 호커센터가 모두 정부 연계 기관(싱가포르 주택개발공사 등)의 소유라는 사실이 이렇게 강력한 규제를 가능케 했다. 여기서 더 나아가, 싱가포르 정부는 이제 호커센터를 국제적으로 홍보하는 일에도 적극적으로 나서고 있다. 2020년 12월에 싱가포르의 호커 문화가 싱가포르 최초로 유네스코 무형문화유산 대표 목록에 등재된 것이 바로 그 예이다.

하이난 치킨 라이스(Hainanese chicken rice)는 이 호커센터를 대표하는 메뉴로 인정받고 있는 요리이다. 싱가포르 대표 국수요리인 락사(Laksa), 저렴한 사태(sate, 꼬치구이), 차꿰띠아오(Char kuay teow, 볶음 쌀국수), 카야토스트 등 쟁쟁한 후보가 많지만, 하이난 치킨 라이스의 입지 또한 이들에 비해 전혀 밀리지 않는다. 하이난 치킨 라이스는 육수에 부드럽게 삶은 닭고기와 고소하게 간한 밥을 조합하여 만든 요리로, 담백하고 고소한 닭 풍미가 일품이다.

하이난 태생의 요리가 어떻게 싱가포르에서 국민 요리로 자리 잡게 되었는지 의문이 생길 수 있다. 이 치킨 라이스 열풍의 주역은 하이난 출신의 이민자들이었다. 1942년, 영국과의 전투에서 승리한 일본이 싱가포르를 점령하게 된 때였다. 싱가포르에 거주하던 영국인들이 강제로 추방되었고, 영국인을 위해 일하던 하이난 출신 가정부 등의 노동자들은 대량 실직을 겪게 되었다. 이 중 상당수가 식당을 차려 생활을 이어갔으며, 이들이 즐겨먹던 하이난 전통 닭 요리를 살짝 변형한 치킨 라이스를 판매하는 작은 식당이 급속도로 늘어나기 시작했다. 치킨 라이스는 저렴한 가격에도 닭의 풍미를 온전히 즐길 수 있는 기쁨을 선사하여 도시 노동자들에게 큰 위안을 주었고, 곧 싱가포르를 대표하는 요리로 자리 잡게 되었다. 노동자들의 부엌 역할을 하던 호커 센터는 치킨 라이스가 싱가포르 국민들의 일상으로 파고드는 과정의 훌륭한 무대가 되었다.

2-3인분 하이난 치킨 라이스 조리법

✔ 간편하게 전기밥솥을 사용하여 만들 수 있는 레시피이다. 복잡한 과정을 거치는 오리지널 치킨 라이스와 완전히 같지는 않지만 비슷한 맛이 난다.

닭 삶기 재료
- 닭 한 마리
  (원래 통닭이 사용됨. 통닭 사용이 부담스러울 경우 닭다리 5-6개 사용 가능)
- 소금 2 tbsp
- 대파 2단
- 생강 4cm 편 썬 것
- 마늘 5-6 알
- 양파 반 개
- 물 3.5 컵
- 참기름 1 tbsp(윤기 내기용)

밥 재료
- 쌀 1.5 컵 (재스민 라이스)
- 닭 육수 2 컵
- 다진 마늘 2톨
- 생강 2 cm 채 썬 것
- 오일 2 tbsp
- 참기름 1 tbsp

마늘 대파 기름 재료
- 다진 마늘 2톨
- 다진 생강 1 tsp
- 다진 쪽파 또는 대파 2 tbsp
- 소금 0.5 tsp
- 2 tsp 오일

가니쉬 재료
- 오이 1 줄
- 다진 쪽파 또는 대파 약간

1. 닭고기를 소금에 10분 정도 재워둔다. 냄비에 대파, 생강, 마늘, 양파, 물을 넣고 팔팔 끓인다.
   전기밥솥에 닭과 뜨거운 채소 육수를 넣고 20-30분간 '만능찜' 기능으로 조리한다.
   다 익은 닭고기는 얼음 물에 식혔다가 육수 1컵을 담은 그릇에 보관한다.

2. 남은 닭 육수 2컵과 씻은 쌀, 향유를 섞어 밥을 짓는다. 남은 닭 육수는 곁들임 국물용으로 남겨둔다.

3. 닭고기의 뼈를 발라 손질한 후 참기름을 바른다.

4. 다진 마늘과 생강, 오일, 쪽파, 소금을 섞어 전자레인지에 2분 돌려 향유를 만든다.
5. 남은 닭 육수에 소금 간을 한하고 잘게 썬 파를 올린다.
   모양을 낸 밥과 손질한 닭고기, 오이, 향유, 육수를 함께 낸다.

말레이시아

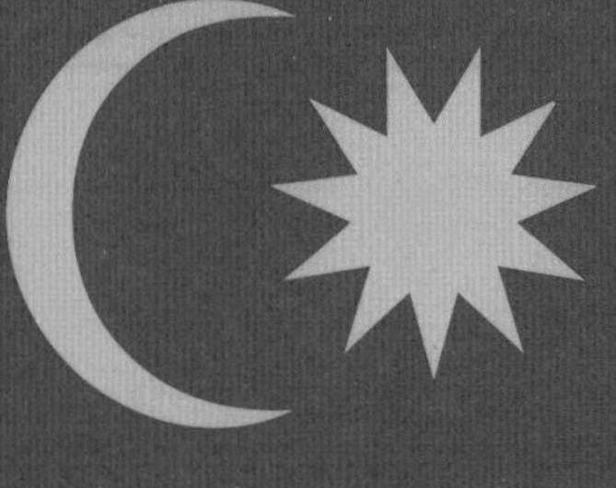

나시르막

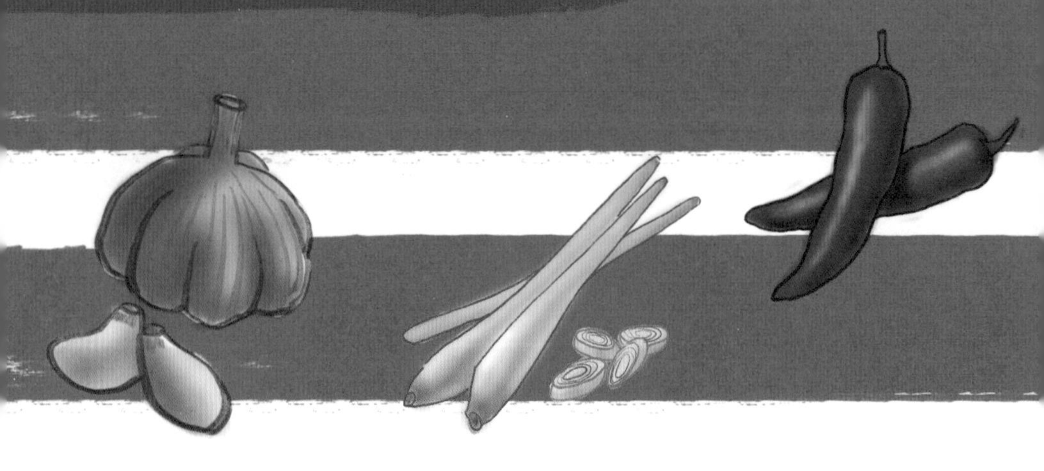

집에서 요리로

말레이시아를 여행하기에 앞서

말레이시아는 다민족 국가이다. 위치상 인접한 나라인 인도네시아나 태국과 인적 · 물적 교류가 빈번했으며, 영국의 지배를 받던 시기에는 노동력 제공을 목적으로 인도계와 중국계 이민자들이 활발히 유입되었다. 따라서 말레이시아의 요리는 말레이 반도의 원주민인 말레이족과 인도, 중국의 요리 문화를 짙게 반영하고 있다. 주변국과도 요리 방면에서 밀접한 관계를 갖고 있으며, 말레이인이 많이 거주하는 인도네시아와는 사테(satay), 른당(rendang), 삼발 등의 요리를 공유하고 있다. 20세기 중반에 말레이시아로부터 독립한 싱가포르와는 문화적 동질성이 더욱 짙어서, 치킨 라이스와 락사, 나시르막 등이 두 나라를 대표하는 요리로 공통적으로 언급된다.

페라나칸 커뮤니티의 '뇨냐(Nyonya) 요리'는 말레이시아 요리를 특징짓는 또 하나의 분류이다. 상업에 종사하던 중국 이민자와 현지 여성이 결혼함에 따라 중국과 말레이의 요리가 결합하였으며, 이것이 세대를 이어 전승됨에 따라 이러한 요리 분류가 탄생했다. 중국식 국수 요리를 바탕으로 코코넛밀크, 삼발, 레몬그래스와 타마린드 등의 현지의 재료를 더해 만들어진 락사(Laksa)가 대표적인 예이다.

말레이시아요리에 사용되는 기본 재료는 인도네시아와 비슷하다.

나시르막: 코코넛 향이 가득한 밥

많은 이들이 말레이시아를 대표하는 요리로 '나시르막'을 손꼽는다. 나시르막은 은은하게 코코넛향이 풍기는 밥을 중심으로 짭짤한 반찬과 소스를 곁들여먹는 소박하면서도 풍만감이 넘치는 요리이다. 말레이어로 나시(nasi)는 밥을, 르막(lemak)은 기름 또는 지방을 뜻하며, 여기에서 '기름(크림)'은 나시르막의 주재료인 코코넛밀크를 뜻한다.

나시르막은 1909년 영국 행정관의 저서에서 최초로 그 이름이 기록되었으나 그보다 훨씬 이전부터 요리로서 존재했을 것으로 추측된다. 전통적인 나시르막은 쌀과 코코넛밀크, 판단 잎, 레몬그래스를 나무통에 찌는 방식으로 만든다. 여기에 튀긴 멸치와 땅콩, 매콤 짭짤한 삼발소스, 삶은 달걀을 곁들인 조합이 전형적이다. 이러한 조합을 바나나 잎을 이용해 삼각 김밥 모양으로 감싸는 포장 방식이 널리 사용된다. 휴대가 간편하기 때문에 예로부터 농부와 어부들의 새참으로 애용되었으며, 도시화가 진행됨에 따라 도시 노동자들의 값싼 도시락으로도 큰 인기를 얻었다. 오늘날에도 말레이시아의 길거리를 걷다 보면 삼각 김밥 모양으로 싼 나시르막을 겹겹이 쌓아둔 상인들을 쉽게 발견할 수 있다.

흥미로운 점은, 나시르막의 원조 자리를 두고 싱가포르와 말레이시아 사이에 날선 신경전이 있다는 점이다. 싱가포르가 말레이시아로부터 독립한 것이 1960년대이며, 말레이인이 싱가포르 인구의 13%를 차지한다는 사실을 생각하면 이러한 원조 논쟁이 그렇게 중요한가 하는 의문이 들기는 한다. 하지만 두 나라 간의 견제는 상당히 치열하다고 한다.

그중 가장 첨예했던 충돌은 2017년에 발생했다. 맥도날드 싱가포르 지사가 싱가포르의 독립기념일을 기념하기 위해 코코넛 풍미의 치킨패티에 삼발소스와 오이, 달걀 프라이를 올린 '나시르막버거'를 선보인 것이 그 시초였다. 말레이시아인들은 싱가포르에서 먼저 나시르막버거가 출시된 사실에 분개했으며, 맥도날드 말레이시아 지사는 한동안 부정적인 분위기를 잠재우기 위해 이들을 달래는 캠페인을 벌여야 했다. 이로부터 한 달도 지나지 않아, 말레이시아의 햄버거 회사가 '나시르막 아얌렌당버거'를 출시함으로써 싱가포르의 '나시르막버거'에 대응했고, 당연히 이 두 버거를 둘러싸고 SNS상의 설전이 이어지게 되었다.

이러한 논쟁을 해소하기 위한 마음에서였을까, 출처는 불확실하지만 언제부턴가 인터넷상에서 나시르막의 기원에 대한 흥미로운 일화가 퍼지기 시작했다. 이야기는 15세기 말라카술탄국 시기의 작은 마을에서 시작한다. 이 마을에는 막 쿤텀('막'은 영어로 Mrs.를 의미)이라는 어머니와 그녀의 딸 세리가 살고 있었다. 남편이 전투에서 사망한 이래로 막쿤텀은 돈을 벌기 위해 안마사로 일하며 집을 오래 비워야 했고, 세리는 자연히 어머니를 대신해 집안일을 도맡아야 했다. 그러던 어느 날, 세리가 우연히 끓는 밥솥에 실수로 코코넛밀크를 쏟아버리는 사건이 발생한다. 마침 막쿤텀이 점심을 먹으로 집에 돌아왔고, 그녀는 방 안 가득한 코코넛의 향기에 궁금증을 느끼고 딸에게 "Apa kau masak ni, Seri(무엇을 요리했니, 세리)?"라고 물었다. 당황한 세리는 "Nasi le, mak(쌀이요, 엄마)!"라고 대답했다. 그날부터 코코넛밀크를 넣은 쌀이 나시르막으로 널리 알려지게 되었다고 한다.

언어유희적인 센스가 돋보이는 이야기이지만, 이를 증빙할 구체적인 자료는 전해지지 않는다. 하지만 나시르막에 대한 말레이시아 사람들의 자부심과 애정은 충분히 전해지고도 남는다. 갓 지은 나시르막의 은은한 코코넛 향을 음미하며, 말레이시아인들이 나시르막에 대해 품고 있을 따뜻한 애정의 크기를 헤아려본다.

3-4인분

나시르막 조리법

✔ 나시르막의 기본 조합은 밥, 오이, 멸치, 땅콩, 삶은 달걀과 삼발소스, 바왕고렝이다. 현지에서는 여기에 추가로 돈을 더 지불하면 다양한 토핑을 곁들일 수 있는데, 그 중 말레이식 프라이드치킨인 아얌고렝(ayam goreng)의 인기가 높다.

나시르막

- 재스민 라이스 2컵(약 200g)
- 코코넛밀크 2컵
- 물 1컵
- 생강 편으로 썬 것 2-4 조각
- 레몬그래스 2 줄기
- 판단 잎 한 줌
  (건조 판단잎은 향이 약해서 신선한 판단잎보다 더 많은 양이 필요하다)
- 마늘 4 개 편으로 썬 것
- 소금 2 tsp

토핑

- 삶은 달걀 2개
- 오이 1 줄
- 바왕 고렝(튀긴 샬럿)
- 삼발 소스
- 땅콩 한 줌
- 멸치 한 줌

1. 레몬그래스는 아랫부분을 두드려 향이 잘 나도록 다듬는다.

2. 밥솥에 재스민 라이스에 물과 코코넛밀크, 레몬그래스, 판단 잎, 생강, 마늘, 소금을 넣고 기본 밥 짓기 기능으로 밥을 짓는다.

3. 다 된 밥은 뭉치지 않도록 잘 풀어준다.

4. 식용유에 멸치가 바삭해질 때까지 볶는다.

5. 식용유에 땅콩이 노릇해질 때까지 볶는다.

6. 접시에 나시르막과 오이, 삶은 달걀, 삼발소스, 튀긴 멸치와 땅콩을 담는다.
(아얌고렝도 추가하여 담는다)

아얌고렝 조리법

2-3인분

재료

- 닭다리(또는 닭다리살) 6 조각
- 레몬그래스 2-3 줄기
- 다진 마늘 1 tbsp
- 다진 생강 1 tbsp
- 터머릭 파우더 1 tbsp
- 코리앤더 파우더 1 tbsp
- 큐민 파우더 1 tsp
- 소금 2 tsp
- 설탕 2 tsp
- 코코넛밀크 2/3 컵
- 쌀가루(또는 밀가루) 1 컵
- 달걀 1 개

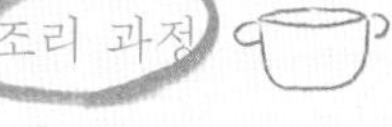

조리 과정

1. 레몬그래스의 흰 부분을 칼로 채썬 후, 곱게 다지거나 믹서에 간다.
2. 닭고기, 레몬그래스, 마늘, 생강, 터머릭, 코리앤더, 큐민 파우더, 설탕, 소금을 넣고 잘 섞는다.
3. 냉장고에 넣고 2 시간에서 하룻밤 정도 재운다.
4. 풀어둔 달걀을 잘 섞는다.
5. 쌀가루(또는 밀가루)를 넣고 잘 섞는다.
6. 뜨거운 기름에 닭 조각을 넣고 고기가 다 익을 때까지 튀긴다.

필리핀
롱가니사

THAI
KITCHEN
coconut milk
unsweetened

NƯỚC MẮM NHỈ
FISH SAUCE

집에서 요리로

필리핀을 여행하기에 앞서

필리핀은 동양과 서양이 교차하는 독특한 식문화를 가진 국가이다. 이는 필리핀을 거쳐간 민족 집단의 역사와 관련이 있다. 필리핀의 원주민은 오스트로네시아족(호주, 말레이시아, 폴리네시아 등에 거주하는 원주민 집단)에 근간을 두고 있다. 이들의 요리에는 주로 굽거나 찌는 방식이 사용되며, 음식의 보존을 위해 식초와 소금이 첨가되는 경우가 많다. 이것이 현재까지 이어지는 요리로 필리핀의 대표적인 수프 요리인 시니강(sinigang, 타마린드를 넣어 새콤하게 만든 수프)이 있다.

9세기 초부터는 중국과의 교류를 통해 간장과 두부, 국수 등이 유입되었다. 중국의 영향을 받은 요리로는 판싯(pancit, 볶음면)과 룸피아(lumpia, 춘권) 등이 있다. 16-19세기 스페인의 식민 지배를 받는 동안에는 스페인과 남미의 영향을 받은 요리들이 탄생했다. 롱가니사(longganisa)와 같은 소시지류가 그 대표적인 예이며, 다양한 요리에 스페인 어원의 이름이 붙었다. 한편, 19세기 말 필리핀을 점령한 미국은 각종 패스트푸드 문화와 함께 스팸 등의 통조림 식품을 전파했다.

필리핀요리는 밥을 주식으로 한다는 점에서 한국인 식문화와 유사점이 있다. 반찬에 해당하는 요리나 수프는 짠맛과 단맛, 신맛이 조화를 이룬다. 과일이 풍부하여 이를 요리에 사용하는 풍습이 있는데, 끓이거나 볶는 요리에 망고나 구아바 같은 과일을 넣거나 깔라만시로 신맛을 내기도 한다.

필리핀요리를 위한 기본 재료

1. 쌀: 맥도날드와 같은 패스트푸드점 메뉴에도 밥이 곁들여질 정도로 밥은 필리핀 식문화에서 중심적인 역할을 한다. 주로 재스민 라이스를 섭취하며, 찹쌀은 디저트 요리에 사용된다.

2. 간장: 중국으로부터 전래되었으며 마늘과 생강, 고추 등과 함께 사용된다.

3. 식초: 천연 방부제의 역할을 하며 다양한 요리에 사용된다. 간장과 식초, 마늘과 소금으로 만든 소스는 고기요리에 범용적으로 사용된다. 아도보(Adobo)가 그 대표적인 예이다.

4. 피시소스: 감칠맛과 짠맛을 동시에 내는 재료이다. 발효 새우(또는 생선) 페이스트인 바궁을 만들 때 피시소스도 함께 생산된다.

5. 깔라만시: 신맛을 내는 재료로서, 즙을 내어 수프나 소스에 사용한다.

6. 돼지고기: 필리핀에는 돼지고기를 사용하는 요리가 유독 많다. 아도보(Adobo, 간장식초 고기 조림), 시시그(sisig, 잘게 썬 고기볶음), 레촌(lechon, 통돼지구이), 리엠포(liempo, 삼겹살 구이) 등이 대표적인 예이다.

7. 코코넛밀크와 과육: 메인 요리와 디저트에 걸쳐 다양한 용도로 사용된다.

8. 아나토 파우더: 멕시코의 열대 지역에서 유래한 아나토는 붉은색의 씨앗으로 요리에 넣으면 선명한 주황색을 띤다. 고소한 맛과 먹음직스러운 색을 내는 용도로 수프나 소시지 등에 사용된다.

롱가니사: 필리핀의 아침을 깨우는 요리

필리핀 사람들은 한국인 못지않게 밥을 곁들인 아침식사를 중요하게 생각한다. 필리핀을 방문한 여행자들 또한 밥과 달콤 짭짤한 단백질 요리, 달걀 프라이의 세트로 서빙되는 아침식사를 자주 접하게 된다. 이는 필리핀식 아침식사의 전형으로, 이를 지칭하는 특유의 고유명사가 존재할 정도로 보편적이다. 실로그(silog)가 이러한 아침식사를 가리키는 용어인데, 곁들여지는 고기요리 이름에 붙어 접미사처럼 쓰이는 특징이 있다. 마늘을 넣어 볶은 밥(sinangag)이 실로그의 구심점이 되며, 여기에 장조림 맛이 나는 타파(tapa)를 곁들이면 탑실로그(tapsilog), 설탕을 넣어 달달하게 만든 베이컨인 토시노(tocino)를 곁들이면 토실로그(tocilog)가 된다.

필리핀을 대표하는 소시지인 롱가니사(longganisa) 또한 이러한 아침식사 조합(longsilog, 롱실로그)에 널리 사용되는 재료이다. 명칭이 풍기는 분위기에서 알 수 있듯이 롱가니사는 스페인에 뿌리를 둔 요리이다. 스페인식 롱가니사(longaniza)는 돼지고기를 파프리카 파우더, 계피, 아니스, 마늘 및 식초로 양념하여 만든다. 필리핀 사람들은 이러한 롱가니사 레시피에 간장과 설탕 등 자국의 요리 재료를 가미해 필리핀만의 독특한 롱가니사를 발전시켰다. 필리핀 사람들은 롱가니사에 각별한 애정을 지니고 있으며, 이에 따라 지역마다 셀 수 없이 많은 롱가니사 레시피가 생겨나게 되었다.

단, 스페인의 롱가니사가 필리핀에 전해진 과정에는 좀 더 복잡한 역사가 존재한다. 필리핀의 롱가니사는 스페인이 아닌 남미의 롱가니사를 본따 만들어졌기 때문이다. 롱가니사는 크게 달콤한 롱가니사(롱가니사 하모나다)와 마늘맛이 강한 롱가니사(롱가니사 데 레카도)로 분류하는데, 이 분류에 사용되는 레카도(recado)라는 단어가 그 증거로 언급된다. 필리핀과 멕시코식 스페인어, 스페인어 사이에 의미 차이가 존재하기 때문이다. 필리핀과 멕시코식 스페인어에서, 레카도는 '향신료나 조미료'를 지칭하는 의미를 지니고 있다. 반면, 스페인 본토에서는 단순히 '심부름' 또는 '메시지'라는 의미로 사용되고 있다.

유럽과 신대륙, 아시아를 잇는 상업 네트워크의 구심점 역할을 하던 필리핀의 역사가 이러한 해석의 현실성을 높여준다. 뉴욕이나 런던과 같은 현대적인 국제도시가 부상하기 전, 마닐라는 멕시코시티와 마드리드, 명나라를 연결하는 세계적인 무역망의 중심이었다. 마닐라 갤리온으로 불리는 상선들이 마닐라와 멕시코의 무역항 아카풀코를 연결하며 수많은 물자를 날랐으며, 마닐라는 포르투갈령인 마카오와 경쟁하는 아시아 무역의 중심 거점의 역할을 수행했다.

항공기의 등장과 국제적인 역학관계의 변화를 거쳐 국제도시로서의 마닐라의 위상은 크게 달라졌다. 갤리온을 타고 건너온 수많은 귀중품과 사치품 또한 역사 속으로 흩어졌지만, 필리핀 사람들의 생활 속에 자리 잡은 롱가니사는 세월의 흐름에도 그 중요성을 잃지 않았다. 필리핀 사람들이 즐겨 하는 따뜻한 밥에 곁들인 롱가니사는 필리핀 사람들의 아침을 여는 에너지원으로 오늘날까지 큰 사랑을 받고 있다.

2-3인분

롱가니사 조리법

✔ 롱가니사는 전통적으로 돼지고기 창자를 케이싱으로 사용하여 만들어지지만, 케이싱 없이 요리하는 가정용 레시피도 널리 애용된다.

롱가니사 재료

- 다진 돼지고기 300g
- 흑설탕 4-5 tbsp(백설탕으로 조리 시 롱가니사 특유의 짙은 색이 잘 나오지 않는다.)
- 파프리카 파우더 1 tsp
- 간장 1 tbsp
- 다진 마늘 5 쪽
- 소금 1 tsp
- 후추 1 tsp
- 전분 1 tbsp
- 물 3 tbsp

소스 재료

- 간장 2 tbsp
- 식초 1 tbsp
- 다진 마늘과 고추 취향껏

기타

- 곁들일 밥과 달걀 프라이

더욱 맛깔스러운 발색을 위해 아나토 파우더를 1 tsp 정도 곁들이는 레시피가 많다. 아나토 파우더는 인터넷 쇼핑몰에서 구매 가능하다.

1. 롱가니사 재료를 한데 섞는다. 손을 넣고 반죽할 때 한 방향으로 만 3분 이상 휘저어 반죽하면 단단하고 탱탱한 조직감이 살아난다.

2. 랩을 적당한 크기로 잘라 저울에 올린다. 고기 반죽을 35g 정도 올려서 사탕을 감싸듯 랩으로 싼다.

3. 소시지 조각들을 냉동실에서 3시간-6시간 얼려 모양이 잡히도록 한다.

4. 식용유를 두른 팬에서 소시지를 고루 익힌다. 진득한 소스로 코팅을 하고 싶다면 팬에 간장과 흑설탕을 넣어 졸여가며 익힌다.

6. 따뜻한 밥과 달걀 프라이, 간장식초 소스를 곁들여 완성한다.

인도

무르그 사괄라
탄두리치킨
버터치킨 카레

집에서 요리로

인도를 여행하기에 앞서

인도요리를 만드는 과정은 곧 다채로운 향신료를 배합하는 과정이라고 볼 수 있다. 이 과정 때문에 집에서 인도요리를 만드는 일에 부담감을 느낄 수도 있다. 하지만 핵심적인 향신료(큐민, 코리앤더, 펜넬, 터머릭, 칠리파우더, 시나몬, 가람 마살라 등)만 구비해두면 무궁무진한 인도요리를 만들 수 있기 때문에 인도요리는 여전히 도전할 만한 가치가 있다.

인도요리는 지역별로 개성이 뚜렷하며, 종류가 다양하여 단순히 요약하기가 어렵다. 빵이나 쌀과 같은 탄수화물에 걸쭉한 소스 형태의 카레를 더해 먹는 방식이 일반적이지만 그 외에도 다양한 요리가 무궁무진하게 존재한다. 빵과 쌀 모두를 즐겨 먹는 다른 지역에 비해 인도 남부는 쌀을 주식으로 한다는 점이 특징이다. 한국 및 세계 각지에는 펀자브 지역의 요리가 널리 알려져 있다. 탄투리치킨, 파니르(Paneer) 치즈, 마크니 카레가 모두 펀자브 지방의 요리이다.

인도요리를 위한 기본 재료

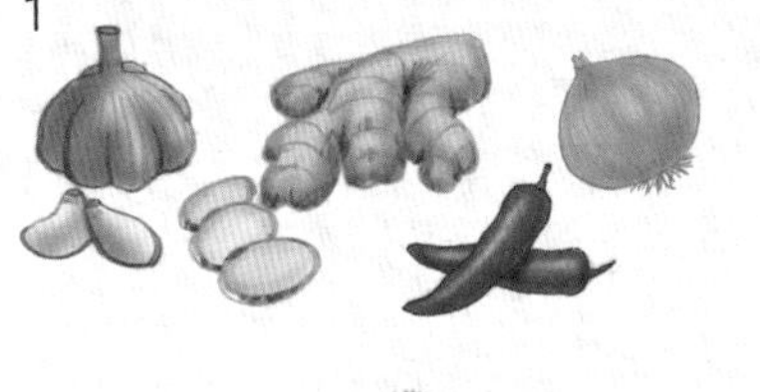

1. 마늘, 생강, 고추, 양파: 인도 카레의 베이스를 만드는 데 자주 사용되는 재료이다. 마늘과 생강은 곱게 빻은 형태로 사용되는 경우가 많다.

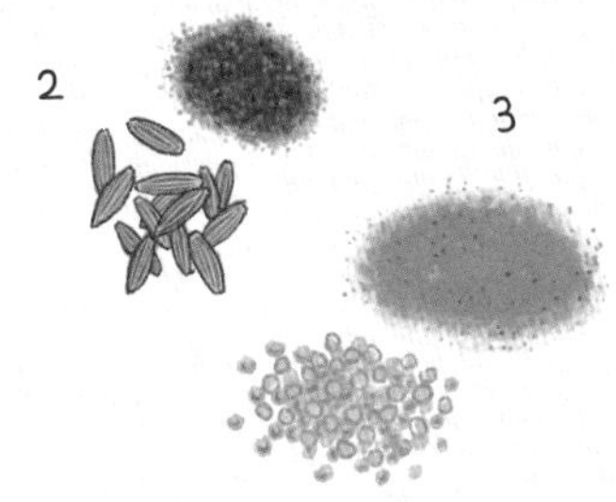

2. 큐민: 씨앗과 가루 형태 모두 두루 사용된다. 건조된 씨앗은 펜넬(회향) 씨앗과 모양이 비슷하다.

3. 코리앤더: 매콤하고 상쾌한 향이 난다. 씨앗 형태와 가루 형태 중 가루 형태의 사용빈도가 더 높다.
※ 영어로 고수의 줄기와 잎 부분은 실란트로(cilantro) 또는 코리앤더(coriander)로 불리고, 씨앗은 코리앤더 또는 코리앤더 시드로 불린다.

4. 가람 마살라: 가람 마살라는 큐민과 코리앤더, 시나몬, 클로브, 카다멈, 후추 등 비교적 풍미가 강렬한 향신료를 섞어 만든 스파이스 믹스이다. 힌디어로 '따뜻한 향신료(warm spice)'를 뜻하며, 조리 후반부에 맛의 포인트를 주기 위한 용도로 사용된다.

5. 펜넬 씨앗(회향): 건조된 씨앗 형태로 뜨거운 기름에 볶아서 사용한다. 박하향과 비슷한 달콤한 향이 있다.

6. 터머릭(강황): 흙냄새가 감도는 향이다. 선명한 노란색을 띤다.

7. 칠리 파우더: 요리에 먹음직스러운 붉은색을 더하기 위해 사용된다. 카슈미르 칠리 파우더가 범용적으로 사용되는데, 카옌 파우더와 파프리카 파우더의 중간 정도 맵기이며 붉은색이 선명하다. 고추 품종 및 분쇄 정도 차이로 한국의 고춧가루로 대체할 수는 없으며, 파프리카 파우더와 카옌페퍼의 혼합으로 인디언 칠리 파우더를 어느 정도 대체할 수 있다.

8. 시나몬: 요리나 디저트에 광범위하게 사용된다.

9. 스타아니스: 별 모양의 향신료이다. 펜넬과 향이 유사하다.

10. 클로브(정향): 피지 않은 꽃봉오리를 말려 만든 향신료이다. 치과를 연상시키는 냄새가 난다. 스파이스 믹스뿐 아니라 차이 티와 같이 디저트 요리에도 사용된다.

11. 카다멈: 카레나 디저트를 만들 때 쓰인다.

12. 겨자씨: 동글동글한 모양으로 특유의 톡 쏘는 향이 있다.

13. 사프란: 값이 비싸기로 유명하며, 밥이나 요리를 노란빛으로 염색하는데 자주 사용된다.

14. 카레 파우더: 큐민과 코리앤더, 시나몬과 정향 등을 조합하여 만드는 카레 만들기용 간편 all in one 가루이다. 인도에서는 요리별로 상황에 맞는 향신료를 배합하는 과정이 중요시되기 때문에 정통 인도 레시피에는 등장하지 않는 재료이다.

15. 코코넛밀크: 남부 인도요리에서 특히 자주 사용된다. 코코넛밀크 특유의 향과 질감으로 인해 카레의 맛이 풍부하고 부드러워진다.

16. 요구르트: 각종 카레나 라시(Lassi)와 같은 음료를 만드는 데 사용된다. 탄투리치킨의 양념을 만들 때도 요구르트가 들어간다. 요리용 요구르트는 당분이 없는 것을 사용하는 것이 원칙이다.

17. 기: 버터의 세 가지 함유물인 버터 지방, 우유 고형물, 수분 중 순수한 버터 지방만을 모아둔 것이기에 클래리파이드 버터(clarified butter, 정제된 버터)로 분류된다. 단백질인 우유 고형물을 제거했기 때문에 발연점이 높아서 튀기거나 볶는 요리에 안전하게 사용할 수 있다. 완전히 같지는 않지만 무가염 버터로 대체할 수 있다.

무르그 사괄라: 인도에는 카레가 없다

'인도에는 카레가 없다'는 말이 있다. 처음 들어본 사람들은 고개를 갸우뚱할 수밖에 없는 말이다. 인도는 카레의 나라가 아니었던가? 비프 카레, 치킨 카레 등 다양한 카레 요리가 있지 않은가? 정확히 하자면, 위의 설명에는 약간의 부연 설명이 필요하다. 위의 문장은 '인도에는 카레라는 요리 분류 방식이 없다' 내지는 '인도인은 자신들이 먹는 요리를 카레라고 부르지 않는다'로 번역될 수 있다.

우리가 '카레'하면 떠올리는 수많은 요리들은 '비프 카레'와 같은 단순한 이름 대신 고유한 인도식 이름을 가지고 있다. 인도식 요리명은 요리 재료나 조리 방식, 지역명을 따서 짓는 경우가 많다. 달(렌틸 콩), 알루(감자), 고비(콜리플라워), 파니르(생치즈의 일종), 팔락(시금치), 무르기(닭), 코프타(고기 완자), 키마(다진 고기) 등은 대표적인 카레 재료이다. 마살라(크림이나 요구르트가 거의 들어가지 않은 것), 코르마(마살라에 크림과 요구르트를 첨가하여 부드러운 것), 사그(녹색 채소가 들어간 것), 마크니(토마토 베이스로 크림이 들어간 것)와 같은 단어는 그레이비(고기를 익힐 때 나온 육즙에 소금, 후추, 밀가루 등을 넣어 만든 소스)의 상태를 나타내는 표현들이다.

조금 외우기 까다롭지만 이러한 단어들을 알아두면 인도요리 이름을 어느 정도 해석할 수 있게 된다. '알루 고비 코르마'라는 이름을 통해 이것이 '감자와 콜리플라워를 주재료로 크림과 요구르트가 들어가 부드러운 그레이비 요리'라는 점을 파악하는 식이다.

이처럼 다양한 요리에 '카레'라는 이름을 붙인 장본인은 바로 영국인들이었다. 당시 인도에서 생활하던 영국인들은 길이가 긴 이국적인 요리명을 기억하는 것을 귀찮게 여긴 듯하다. 인도의 요리는 영국 요리와 너무나도 다르기 때문에, 아마도 향신료 범벅의 그레이비소스 같은 것에 빵이나 밥을 찍어 먹는 장면이 이들의 눈에 하나같이 비슷하게 비쳤을 수도 있다.

이러한 무지와 무관심에서 발로되어, 영국인들은 고기와 채소가 들어간 질척한 질감의 스파이시한 요리를 '카레(curry)'로 통칭하기 시작했다. 많은 이들은 이 '카레'의 어원으로 '소스'를 의미하는 타밀어 '카리(kari)'를 꼽는다. 하지만 '카리'는 당시에도, 그리고 지금까지도 인도인들 사이에서 단순히 '소스'를 의미할 뿐이다. 따라서 인도 현지 식당에서 '카레'를 달라고 요청하면 외국인 손님에게 익숙하지 않은 직원은 고개를 갸우뚱할 수밖에 없다.

오늘날 한국과 일본에서 '카레'라는 용어가 널리 사용되게 된 것 또한 어찌 보면 영국인의 작품이라 할 수 있다. 일본의 카레는 메이지 유신 시기 영국의 '카레'의 영향을 받아 탄생했기 때문이다. 당시 일본인들은 서양 요리법을 받아들이는 일에 열성적이었고, '카레'에도 당시 일본에서 대중화되던 서양 요리의 요소를 적용시켰다. 버터에 밀가루를 볶아 '루(roux)'를 만드는 방식을 거치는 레시피가 널리 퍼졌고, 영국식 스튜처럼 감자와 당근, 소고기를 넉넉히 넣는 카레가 인기를 끌었다.

일본식 카레에 쓰이는 '카레 가루' 또한 영국의 영향을 받아 탄생했다. 일본식 카레 가루의 원형이 되는 '카레 파우더'는 영국인들이 보다 간편하게 카레를 만들 수 있게 하는 목적으로 개발되었다. 인도요리에 자주 사용되는 향신료를 배합해, 영국인들이 생각하는 '카레'의 맛을 손쉽게 구현할 수 있는 장점이 있었다. 영국식 카레 파우더를 받아든 일본인들은 한술 더 떠서 '루'의 재료인 밀가루와 유지 성분을 더하여 일본식 카레 가루를 창조해냈다. 한국의 카레는 이러한 일본식 카레의 영향을 직접적으로 받았다.

식민지의 언어와 관습에 대한 무지를 바탕으로 '카레'라는 신조어를 창조한 영국인들은 그 맛에 매료되어 이를 자국의 요리로 여길 정도로 깊은 애정을 과시했다. 대영제국의 영향력에 힘입어 세계 곳곳에 영국식으로 변화한 '카레'가 퍼졌을 때, 이를 마주한 각국의 사람들도 그 매력에 빠지게 되었다. 오늘날 '카레'라고 불리는 인도요리 또는 그 변형은 세계 곳곳에서 저마다의 방식으로 사랑을 받고 있다. 상당수 인도인들이 이 '카레'라는 단어에 얽힌 세계적 수준의 오해에 불편감을 느낀다고 하지만, 한번 자리를 잡아버린 뿌리 깊은 언어적 오해를 바로잡기는 요원해 보인다.

3-4인분

무르그 사괄라 조리법

✔ 소개할 요리의 이름은 '무르그 사괄라(Murg saagwala)' 이다. '무르그'는 닭을, '사괄라'는 시금치 등 초록 잎채소를 베이스로 하는 부드러운 소스인 '사그(saag)'의 한 종류이다. 닭고기의 풍미와 시금치 특유의 고소하고 부드러운 맛이 일품이다.

- 닭고기 750g (닭 가슴살 또는 닭 다리살)
- 식물성 기름 2 tbsp
- 양파 1개 다진 것
- 마늘 5 알 슬라이스한 것
- 다진 생강 1 tbsp
- 고추 다진 것 3 줄기
- 터머릭 파우더 1 tbsp
- 칠리 파우더 1 tbsp
- 큐민 파우더 1 tbsp
- 코리앤더 파우더 1 tbsp
- 다진 토마토 1 컵
- 시금치 한 단
- 넛멕 파우더 한 꼬집
- 가람 마살라 파우더 1 tbsp
- 크림 1 tbsp(생략 가능)
- 버터 기호대로
- 곁들일 밥 3-4인분

1. 시금치는 버터를 두른 팬에 볶거나 끓는 물에 살짝 데친 후,
   믹서에 갈아서 시금치 페이스트를 만든다. 따로 담아둔다.

2. 기름을 두른 팬에 다진 양파를 넣고 황금빛이 돌 때까지 중불에 익힌다.
   얇게 잘라 놓은 마늘을 넣고 살짝 익힌다.

3. 다진 생강과 슬라이스 고추, 소금을 넣고 볶는다.

4. 터머릭 파우더, 코리앤더 파우더, 큐민 파우더를 더해 넣고 재빨리 볶는다.
   파우더는 바닥에 붙어서 타기 쉬우므로 너무 오래 볶지 않는다.

5. 잘게 썬 토마토를 넣고 토마토가 익어서 형체가 무너질 때까지 볶는다.
   다른 향신료와 잘 섞이도록 주걱으로 눌러주며 볶는다.

6. 토마토가 거의 다 익었을 때, 적당한 크기로 손질한 닭가슴살 또는 닭다리살을 올려서 익힌다.

7. 닭고기가 70퍼센트 정도 익었을 때 시금치 페이스트를 넣고 잘 섞는다.
   넛멕과 가람 마살라를 넣고 잘 섞는다.

8. 기호에 따라 크림을 추가한다. 크림을 넣으면 맛이 더 부드러워지지만 강렬한 초록빛은 조금 바랜다.
   크림 대신 버터만 추가해서 풍부한 맛을 낼 수도 있다.

9. 크림 또는 버터를 잘 섞어서 완성한다.

탄두리치킨과 버터치킨 카레:
천재 요리사의 세계적인 히트작

'한 명의 천재가 10만 명을 먹여 살린다'는 고(故) 이건희 회장의 명언이 있다. 이것이 21세기 인재 경영을 논하기 위한 문장이었다면, 지난 20세기 인도요리계에는 '10만 명을 먹여 살리는 한 명의 천재'로 일컬을 만한 걸출한 인물이 있었다. 인도를 대표하는 요리인 탄투리치킨과 버터치킨 카레를 개발한 성공적인 사업가이자 요리사, 쿤단 랄 구즈랄(Kundan Lal Gujral, 1902-1997)이다.

이야기는 인도 북서부, 펀자브 지역의 작은 식당에서 시작한다. 쿤단 랄 구즈랄(이하 쿤단)은 1920년대부터 약 20년이 넘도록 모카싱이라는 사람이 주인으로 있던 '모티마할'이라는 식당에서 요리사로 근무했다. 쿤단은 이 시기부터 자신의 창의성을 발휘하여, 현대의 인도요리를 대표하는 탄투리치킨을 개발했다. 탄투리치킨은 요구르트와 향신료를 섞어 만든 소스에 마리네이드 한 닭을 꼬치에 끼운 후, 원통형 점토 오븐인 탄두르(tandoor)에 구워 만드는 요리이다. 그전까지 탄두르는 주로 빵을 굽는 용도로 사용되었는데, 탄두르에 구운 닭고기요리를 대중화시킨 것은 쿤단이 최초였다고 한다. 쿤단의 탄두리치킨은 빠른 속도로 인기를 얻었고, 지역 행사에 초대받는 일이 잦아졌다. 만약 역사가 여기에서 멈췄다면 탄두리치킨은 펀자브의 지역 요리로 소소한 인기를 누렸을지도 모른다.

하지만 격동의 인도 현대사는 쿤단과 그의 탄두리치킨을 펀자브 밖, 더 넓은 세상으로 잡아끌었다. 1947년 파키스탄이 인도로부터 독립을 하며, 쿤단이 살던 펀자브 지역 대부분이 파키스탄이라는 신생국가에 귀속된 것이다. 힌두교도였던 쿤단은 이슬람국가로 발돋움하는 파키스탄에서 탈출을 시도해야 했다. 그는 정들었던 식당을 뒤로하고 난민의 신분으로 고향에서 800km 떨어진 인도 북부의 거대도시, 델리로 흘러들었다.

나고 자란 고향을 떠나게 된 쿤단이 느꼈을 상심의 크기를 가늠하기는 어렵다. 그러나 역설적으로, 쿤단의 이주는 보다 넓은 무대인 인도의 수도에서 그의 요리가 세계적인 요리로 발돋움하는 계기가 되었다. 델리 남부에 정착한 쿤단은 어렵사리 작은 식당을 열고 이를 모티마할로 이름 붙였으며, 이곳에서 주특기였던 탄두리치킨을 델리 사람들에게 처음으로 선보였다. 쿤단의 탄두리치킨은 삽시간에 큰 인기를 얻었고, 1년 남짓 만에 400석 크기의 식당을 확장 오픈할 수 있었다.

한편, 쿤단의 창의력과 도전은 식당이 성공궤도에 오른 후에도 멈춤이 없었다. 그는 남은 탄두리치킨을 활용하기 위해 '무르그 마카니(murgh makhani, 속칭 버터치킨 카레)'를 개발했다. 이는 영국의 국민 요리가 된 '치킨 티카 마살라'의 원형이 되었다. 또한 렌틸 콩과 버터, 크림을 주재료로 한 '달 마카니(dal makhani)'가 연이어 발명되었다. 그의 요리는 곧 네루와 간디, 고르바초프까지 세계적인 인사들 사이에 회자되었고, 모티마할은 국가 지도자가 델리를 방문할 때마다 꼭 방문하는 식당이 되었다. 그리하여

1960년대에는 런던에 모티마할 분점이 자리 잡고, 미국 신문에 탄투리치킨의 레시피가 오르기에 이르렀다. 쿤단이 사망한 현재, 쿤단의 손자가 모티마할의 체인 사업을 이어받았으며 인도와 전 세계에 150개가 넘는 지점이 성업하고 있다고 한다.

사업의 성공보다 더욱 놀라운 것은, 쿤단이 델리로 피난한지 이십 년도 지나지 않아 그가 개발한 요리들이 전부 인도를 대표하는 요리가 되었다는 점이다. 세계 어느 인도요리점을 가도, 탄투리치킨과 치킨 마크니, 달 마크니는 빠지지 않고 메뉴판에 등장한다. 태어난 지 갓 70년이 지난 신생 요리라는 것이 믿기지 않을 정도로 놀라운 장악력이다. 미국과 영국만 합쳐도 1만 5천 개의 인도요리 전문점이 있으며 이중 거의 모든 곳에서 탄투리치킨을 판매할 테니, 전 세계적으로 쿤단이 먹여 살리는 인구가 매년 10만은 족히 넘을 것이라 추측된다. 역사적 혼란 속에서도 잃지 않았던 요리에 대한 열정과 끊임없이 더 나은 레시피에 도전했던 창의성이 수많은 사람을 먹여 살리는 천재, 쿤단의 성공을 가능케 했다.

3-4인분

탄두리치킨 조리법

✔ 탄두리치킨은 깊은 화덕에서 굽는 것이 원칙이지만, 가정에서 그 맛을 재현하기 위해 강한 불로 프라이팬에 조리하는 방식을 사용할 수 있다.

· 닭 한 마리 분해한 것 또는 닭 가슴살과 닭다리살 손질한 것 각 5개
· 무가당 요구르트 200g
· 레몬즙 2 tbsp
· 터머릭(강황) 파우더 1 tsp
· 코리앤더 파우더 1 tsp
· 큐민 파우더 1 tsp
· 가람 마살라 1/2 tsp
· 칠리 파우더 2 tbsp(또는 파프리카 파우더 1 tbsp + 카옌페퍼 1 tbsp)
· 소금 1 tsp
· 오일 1 tsp
· 다진 생강 1 tbsp
· 다진 마늘 1 tbsp
· 기 또는 버터 1 tbsp
· 가니시: 라임, 양파, 난 등

1. 닭고기에 깊게 칼집을 내고 소금을 살짝 뿌린다.

2. 요구르트, 레몬즙, 터머릭, 코리앤더, 큐민, 가람 마살라, 칠리 파우더, 소금, 오일을 섞는다.

3. 손질한 닭고기를 넣고 30분에서 하룻밤 정도 냉장고에서 재운다.

4. 기(ghee)를 두른 팬에 굽는다. 버터를 사용할 경우, 오일에 먼저 굽다가 마지막에 버터를 몇 조각 넣어준다. 오븐에 구울 경우, 오븐랙에 올려 200도에서 5분마다 확인하며 굽는다.

5. 라임, 난, 샐러드 등을 함께 올린다.

3-4인분 버터치킨 카레(무르그 마크니) 조리법

✔ 무르크 마크니는 본래 남은 탄투리치킨을 활용하기 위해 개발된 요리이다. 풍미는 덜하지만, 꼭 탄투리치킨이 아니더라도 먹다 남은 닭고기를 재활용하기에도 좋은 레시피이다.

- 탄투리치킨 3-5 조각
- 다진 양파 1 개
- 토마토 500g 또는 통조림 1 캔
- 물에 불린 캐슈너트 한 줌
- 다진 생강 1 tsp
- 다진 마늘 2 tsp
- 칠리파우더 2 tbsp(또는 파프리카 파우더 1 tbsp + 카옌페퍼 1 tbsp)
- 가람 마살라 1/2 tsp
- 식초 2 tbsp
- 설탕 4 tbsp
- 버터 5 tbsp
- 크림 4 tbsp
- 소금 약간
- 곁들임: 난이나 재스민 라이스로 지은 밥

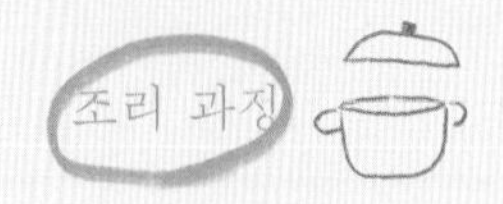

1. 남은 탄투리치킨을 작은 크기로 자른다.
2. 버터 한 스푼을 두른 팬에 다진 양파를 투명할 때까지 볶는다.
3. 캐슈너트와 토마토를 넣고 토마토가 익어 부서질 때까지 익힌다.
4. 물을 약간 더한 후, 다진 마늘과 생강, 칠리 파우더, 가람 마살라, 설탕, 식초를 넣는다.
5. 15분간 약불에 끓인다.
6. 볼에 옮겨 담고 핸드 믹서로 내용물을 부드럽게 간다.
7. 내용물을 체에 내려 건더기를 빼고 부드러운 크림 상태로 냄비에 담는다.
8. 탄투리치킨과 버터, 크림을 넣고 5분간 약불에 끓인다.

이란

쿠쿠섭지

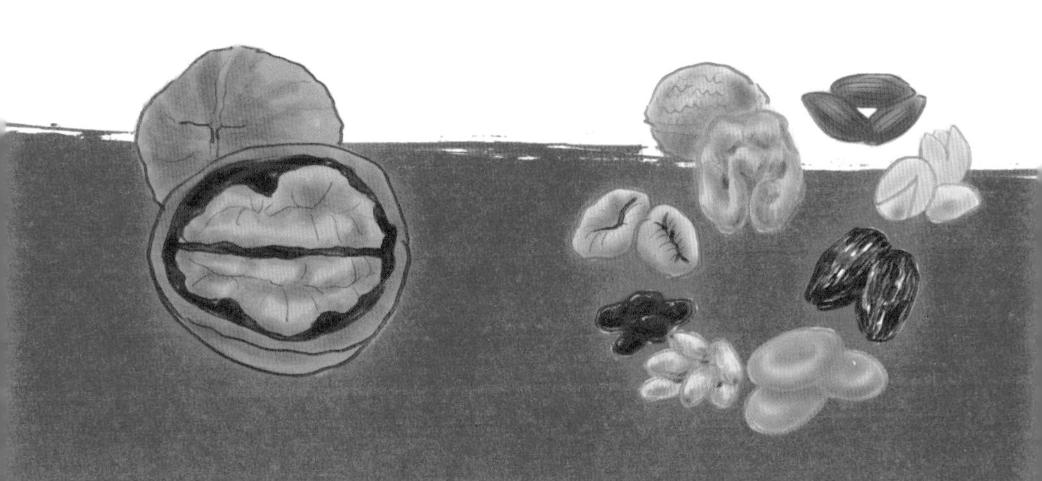

집에서 요리로

이란을 여행하기에 앞서

이란은 페르시아를 이은 국가이며, '이란요리'라 하면 이는 곧 '페르시아요리'를 지칭하기도 한다. 페르시아의 기나긴 역사만큼이나 이란의 요리 또한 오랜 역사를 자랑한다. 이란의 요리는 터키, 인도, 그리스, 러시아 및 중앙아시아 지역의 요리와 영향을 주고받았고, 이들 지역은 비슷한 형태의 요리를 일정 부분씩 공유하고 있다. 이란인들은 다양한 종류의 케밥과 스튜, 수프, 밥, 디저트를 즐겨 먹는다. 재료의 맛을 살리는 요리법을 중요시하는 한편, 과일이나 석류즙 등으로 요리에 신맛을 더하는 것을 선호한다.

이란의 메인 요리는 밥 또는 빵, 고기(양고기, 닭고기, 생선 등)를 중심으로 채소와 견과류를 곁들이는 형태가 많다. 과일이 풍부하여 자두, 체리, 살구, 석류, 라임 등을 새콤달콤하게 절이거나 건조해 생활 전반에서 자주 섭취한다. 사프란은 밥, 메인 요리, 디저트에 활발히 사용된다. 초록잎채소와 허브류를 섭지(sabzi)로 통칭하는데, 이를 사용한 요리도 다양하다.

이란요리를 위한 기본 재료

1

1. 바스마티 라이스: 롱그레인 라이스 중에서도 길이가 긴 편이다. 이란의 전통적인 밥 요리는 바스마티 라이스로 만들어진다.

2

2. 석류: 이란이 원산지이다. 신선한 석류나 건조한 석류는 요리에 뿌려 조형적인 아름다움과 새콤함을 부여한다. 석류즙을 졸여 걸쭉하게 만든 주스는 요리에 첨가되어 새콤달콤한 맛을 내는 베이스가 된다.

3

3. 말린 과일과 견과류: 간식 및 요리 재료로 자주 사용된다.

4

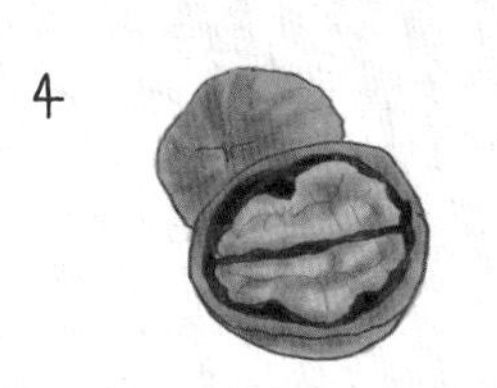

4. 호두: 이란의 시장에 가면 소금물에 담근 호두를 볼 수 있다. 수분을 잃지 않아 촉촉한 맛이 일품이라고 한다. 이렇게 보관한 호두는 각종 요리에 다방면으로 활용된다. 호두를 주재료로 하는 스튜 요리인 '파센준(fasenjun)'이 유명하다.

5

5. 건조한 라임: 잘 건조된 라임은 짙은 검은색을 띤다. 뜨거운 물에 부드럽게 풀었다가 포크로 구멍을 내어 그 향미가 잘 풀어나도록 한 후에 수프와 스튜, 고기 구이 요리에 곁들인다.

6

6. 사프란: 밥을 황금빛으로 물들이는 것에서부터 연노랑 빛이 아름다운 디저트까지, 이란요리 전반에 자주 등장하는 귀한 재료이다.

7

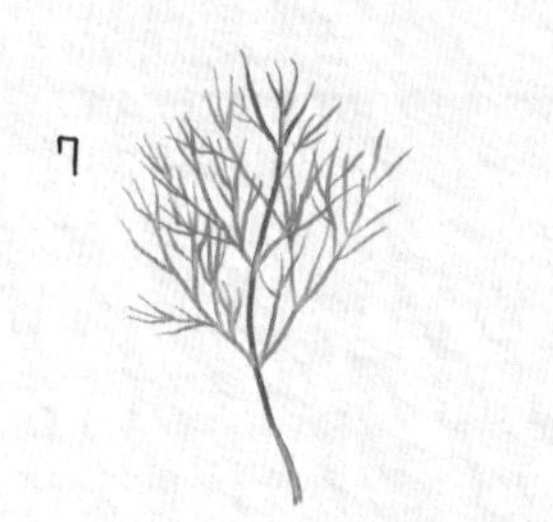

7. 딜: 밥과 스튜, 고기 반죽 등 다양한 요리에 첨가되는 허브이다.

8

8. 수막: 옻나무의 열매를 건조해 파우더로 만든 것으로 짙은 붉은빛에 새콤한 맛이 난다. 다양한 요리에 향신료로 사용된다. 후추처럼 케밥에 뿌려먹기도 한다.

9

9. 카다멈: 밥 요리나 디저트 요리에 자주 사용된다.

10

10. 터머릭: 스튜나 수프, 고기요리 등에 자주 사용된다. 잘게 다진 양파와 더불어 볶으면 수프나 스튜의 베이스가 된다.

쿠쿠섭지: 풍성한 봄의 맛

주변에서 이란을 여행한 사람을 만나기는 어렵다. 이란에 관한 뉴스는 모래 먼지 가득한 가운데 포탄이 터지거나 경제 제재를 선포하는 미국 지도자들의 엄중한 얼굴을 다루곤 한다. 이러한 보도와는 달리, 이란을 여행하는 유튜버들이 그들의 렌즈로 담은 이란의 거리는 뉴스가 그려내는 모습과 완전히 달라 놀라움을 자아낸다. 공원과 시장에는 생기가 넘치고, 색색의 스카프를 패셔너블하게 두른 여성들이 카메라를 향해 환한 미소를 짓는다. 남성이든 여성이든 할 것 없이 자신들의 문화에 대한 자부심을 내비치며, 여행자의 이란의 문화 체험을 돕는데 적극적이다.

이들이 선보이는 이란의 요리 문화 또한 무척 매력적이다. 사프란으로 물들인 아름다운 밥에서부터 신선한 재료의 맛을 살린 케밥과 수프, 뭉근히 끓여낸 스튜, 갖가지 과일과 디저트를 보다 보면 절로 군침이 흐른다. 한국에서 이런 요리를 다루는 식당이 거의 없다시피 한 현실이 아쉽기만 하다.

흥미롭게도, 이란의 요리는 한국 요리와 비슷한 부분이 많다. 이란의 누룽지, 타디그(tadig)가 그 예이다. 한국인들이 가마솥에 구운 누룽지를 즐기듯이, 이란인들도 고소하고 바삭한 타디그를 즐긴다. 밥을 지을 때부터 정교한 기술을 발휘하여 냄비 바닥에 바삭한 층(타디그)을 만드는데, 냄비를 확 뒤집어서 이 바삭한 층이 위로 올라오게 해야 한다. 타디그를 부서뜨리지 않고 밥을 케이크 모양으로 곱게 담아내기 위해서는 수많은 연습이 필요하다. 명예를 걸고 손님을 후하게 맞이하는 이란의 문화에서, 이 타디그는 손님에게 가장 먼저 양보되는 귀한 부분이라고 한다.

신선한 잎채소를 즐긴다는 점도 친숙하게 느껴진다. 이란인들은 생허브와 초록 잎채소를 통틀어 섭지(sabzi)라고 부르며, 이를 다양한 방식으로 요리하는 데 정통하다. 잎채소를 있는 그대로 섭취하는 것이 한 방법으로, 전통식당에 가면 고기 등의 메인 코스에 곁들여 먹을 수 있는 신선한 잎채소가 따로 담겨 나온다고 한다. 고기를 시키면 쌈채소가 서비스로 나오는 한국의 식당 풍경과 유사한 모습이다. 섭지로 자주 사용되는 허브에는 파슬리, 딜, 고수, 부추, 타라곤, 바질, 민트 등이 있다.

이란인들의 섭지 사랑은 유별나서, 상상도 못할 정도로 많은 양의 허브를 사용하는 요리가 많다. 서양 요리에서 허브가 향을 가미하는 용도로 조금씩 사용되는데 비해, 이란에서는 허브(섭지)는 메인 재료로 자주 활용되기 때문이다. 이란의 전통요리 중에는 짙은 풀색을 띠는 요리가 많은데, 이러한 요리에는 대개 '섭지'라는 이름이 붙기 마련이다. '오래 끓인 허브'라는 뜻의 '고르메섭지(Ghormeh sabzi)'는 잘게 다진 허브를 오랜 시간 볶은 것을 베이스로 하여 만드는 스튜 요리이며, 다진 허브를 달걀 반죽에 섞어 만드는 오믈렛은 '쿠쿠섭지(Kuku sabzi)'로 불린다. '섭지폴로(Sabzi polo)'는 밥의 한 종류로, 잘게 다진 파슬리와 고수, 딜 등을 넣어 초록빛을 띤다.

섭지 요리를 만들기 위해서 대량의 허브를 깨끗하게 씻고 다지는 것 또한 어마어마한 노동이 필요하다. 큰 가족을 위한 섭지 요리를 만들려면 한 대야 가득 차게 잎채소를 다져 넣어야 한다. 이란의 시장에는 이러한 문제를 단번에 해결해 주는 가게가 있다. 바로 '섭지 방앗간'이다. 이 가게는 신선한 섭지를 깨끗하게 씻고, 이를 필요한 만큼 골라 다져주기까지 하는 원 포인트 서비스를 제공한다. 천장에 닿을 정도로 신선한 허브를 높이 쌓아두고, 손님이 필요한 허브를 가리키면 이를 모아다 가게 중앙의 기계에 집어넣는다. 거대한 푸드프로세서를 연상시키는 이 기계는 우리네 방앗간의 가루 빻는 기계와 비슷한 일을 한다. 방앗간을 찾은 손님이 곱게 갈린 고춧가루를 들고 가게를 나서듯이, 이란의 여성들은 잘게 다져진 허브를 한아름 안고 집으로 돌아간다. 이란의 명절인 노루즈(Nowruz)에는 쿠쿠섭지와 섭지폴로가 빠지지 않고 등장한다. 허브는 생명력을, 달걀과 쌀은 다산을 의미하기 때문에 봄을 맞이하는 명절인 노루즈와 그 의미가 맞아떨어지기 때문이다.

이란의 요리문화를 다루는 동영상을 보면, 사람 사는 모습 어디든 크게 다르지 않다는 것을 깨닫게 된다. 신선한 재료의 맛과 멋을 즐기고, 거기에 수반되는 고된 노동을 감수하는 사람들, 또는 이를 해결하는 서비스를 제공해 주는 시장의 상인들. 언젠가는 이란 땅에서 맛있는 요리를 맛볼 상상을 하며, 오늘도 인터넷을 통해 랜선 여행을 떠난다.

쿠쿠섭지 조리법

✔ 쿠쿠섭지를 만드는 데에는 다양한 방법이 있다. 팬에서 굽는 것, 오븐에서 굽는 것, 찜기에 찌는 것이 모두 가능하다.

오븐 구이 쿠쿠섭지 재료 ☺ 2인분

· 부추, 파슬리, 딜, 고수 등의 잎채소(허브) 한 뭉치
· 달걀 7개: 3개는 김밥의 김처럼 싸는 부분에, 4개는 허브의 형태를 잡아주는 접착제 역할이다.
· 밀가루 1 tbsp
· 소금, 후추
· 터머릭 파우더, 카옌 파우더 각 1 tsp
· 석류와 호두

조리 과정

1. 달걀 3개와 밀가루, 소금, 후추, 터머릭 파우더, 카옌 페퍼를 볼에 넣고 잘 섞는다.
2. 논스틱 오븐 용기를 오일을 발라 코팅하고 달걀 반죽을 부은 후, 180도로 예열한 오븐에 5분간 익힌다.
3. 허브를 잘게 다진다. 달걀 4개와 소금, 후추, 터머릭 파우더를 섞은 반죽에 다진 허브를 잘 섞는다.
4. 2의 익힌 달걀 반죽 위로 3의 허브 달걀 반죽을 덮는다. 그 위에 석류알과 호두를 올린 후, 180도의 오븐에 10분간 익힌다.
5. 오븐에서 꺼낸 것을 달걀말이 하듯 굴려서 롤을 만든다. 오븐에 다시 3분 정도 익혀 모양을 잡는다.
6. 살짝 식힌 롤을 먹기 좋은 형태로 칼로 자른다.

프라이팬 쿠쿠섭지 재료 　2인분

- 부추, 이탈리안 피슬리, 고수 각 1 단씩
- 건조 딜, 바질 각 1 tbsp씩
- 달걀 3 개
- 대파 흰 부분 약간 다진 것
- 양파 다진 것 1 개
- 호두 부순 것, 건 라즈베리 약간
- 밀가루 2 tbsp
- 강황 2 tsp
- 소금 2 tsp, 후추 약간
- 장식용 호두, 석류알 약간

1. 대파와 양파, 부추, 파슬리, 고수를 잘게 다진다.

2. 올리브유를 두른 팬에 대파와 양파를 볶는다.

3. 달걀과 강황, 밀가루를 섞는다. 밀가루 덩어리가 보이지 않도록 고루 섞는다.

4. 잘게 다진 부추, 파슬리, 고수와 건조 딜과 바질, 팬에 볶은 대파와 양파, 3의 달걀물, 소금, 후추, 호두와 건 라즈베리를 모두 한데 섞는다.

5. 올리브유를 두른 팬에 4의 재료를 넣고 익힌다.

6. 뒤집을 수 있을 정도로 단단히 익으면 접시를 덮어 팬을 뒤집어 오믈렛을 꺼낸 후 다시 팬에 미끄러뜨려 넣는 방법으로 다른 한 면을 익힌다.

7. 호두와 석류알로 장식한다.

터키

돌마
이맘 바이얄디

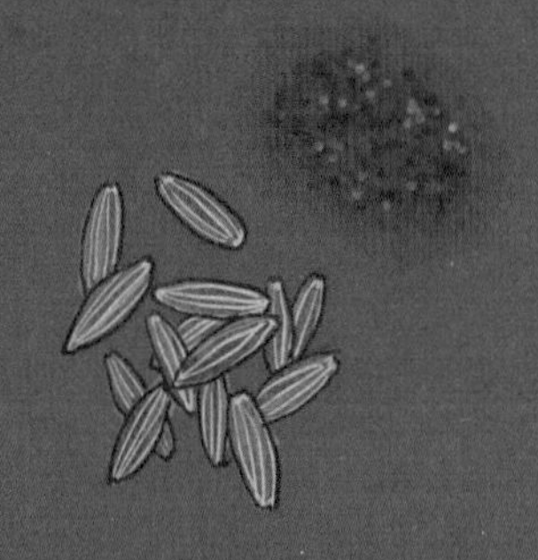

집에서 요리로

터키를 여행하기에 앞서

터키의 요리를 한 문단으로 요약하는 것은 불가능하다고 해도 과언이 아니다. 동과 서를 잇는 터키의 지정학적인 위치가 풍부한 요리문화 자원을 제공했기 때문이다. 특히 알제리에서부터 이집트, 페르시아의 일부, 그리스와 불가리아 등 광범위한 영토를 확보했던 오스만제국 시기에는 자연히 각 지역 고유의 요리법이 터키의 요리로 흡수되는 흐름이 나타났다. 동시에 터키의 요리가 이러한 지역으로 전해지는 문화의 전이가 활발히 일어나기도 했다. 그리스와 불가리아를 비롯한 발칸반도의 영향은 쌀을 사용하는 요리와 해산물 및 샐러드 요리에서 드러나며, 이 경우 향신료가 적게 사용되는 것이 특징이다. 한편, 아랍 국가로부터는 요구르트와 다양한 향신료, 정교한 디저트 요리가 전래되었다.

터키를 대표하는 요리를 꼽는 것 또한 쉽지 않은 일이다. 케밥, 쾨프테(미트볼), 초르바(수프), 에크멕과 시미트 등 다양한 빵, 라흐마준과 피데 등 토핑을 올린 빵, 필라브(밥), 쿰피르(토핑을 올린 감자 요리) 등이 잘 알려진 터키요리이다. 로쿰과 바클라바로 대표되는 다양한 디저트와 커피와 차 또한 터키에서 꼭 맛보아야 하는 요리들이다.

터키요리를 위한 기본 재료

1. 토마토 페이스트: 수프나 고기 반죽 등에 들어가 특유의 산미를 더하기도 하고, 물과 올리브유에 희석하여 오븐에 굽는 요리 위에 뿌리는 경우가 많다.

2. 벌거: 두럼 밀(durum wheat)을 거칠게 빻은 후, 데쳤다가 다시 건조하는 과정을 통해 만든다. 낮은 온도에서 빨리 익는 특징이 있다. 쌀과 비슷한 용도로 사용될 때가 있으며, 동그랗게 빚거나 고기 반죽에 섞어 다양한 요리를 만들 수도 있다.

3. 고춧가루: 터키요리에도 고춧가루가 많이 사용되는데, 매운 정도가 다양하다. 한국식 고춧가루나 크러쉬드 페퍼로 어느 정도 대체할 수 있다.

4. 큐민: 톡 쏘는 향이 있으며 양고기와 쇠고기에 잘 어울린다. 병아리콩 무스인 후무스에도 사용된다.

5. 민트: 건조한 민트는 다양한 방식으로 사용된다. 버터나 올리브유에 민트를 볶아 향이 가득한 오일을 만들어 수프나 요리에 더하는 경우가 많다. 특히 민트 버터를 올린 요구르트 수프가 별미이다.

6

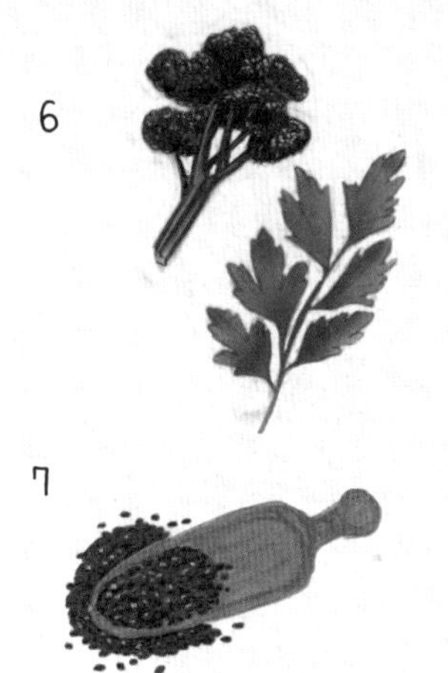

7

8

9

6. 파슬리: 샐러드, 스튜, 수프 및 고기요리에 다방면으로 활용된다.

7. 수막: 옻나무의 열매를 건조해 파우더로 만든 것으로 짙은 붉은빛에 새콤한 맛이 난다.

8. 타히니: 참깨를 갈아 만든 기름진 소스이다.후무스나 바바가누쉬 등 부드러운 요리에 풍미를 더한다. 헬와(Helva 또는 Halva)와 같은 디저트를 만들 때도 사용된다. 중국요리에 사용되는 즈마장과 상당히 비슷하다.

9. 요구르트: 이름이 터키어에서 유래된 것이니만큼 터키요리에 다방면으로 사용되는 재료이다. 소스로 메인 요리에 곁들여지는 경우도 많으며, 요구르트를 넣은 수프도 별미이다.

돌마: 꽉꽉 채우고 싶은 욕망

빈 공간을 채우고 싶어 하는 욕구는 인류 공통의 것이 아닌가 한다. 많은 놀이가 이러한 욕구를 반영한다. 유아기에 사용하는 모양 맞추기 블록이나 퍼즐 놀이가 그 예이다. 농구, 골프와 같은 구기종목이 작동하는 방식도 그러하다. 산타클로스를 기다리며 걸어둔 빈 양말도 다음날이면 꼭 채워져야 하는 것이 인지상정이다.

비어있는 재료의 속을 채우는 모습은 요리의 세계에서도 자주 등장한다. 우리나라에도 그 예로 들 만한 요리가 많다. 피순대와 오징어순대, 분식집에서 간간이 만날 수 있는 고추튀김이 그렇다. 뱃속에 찹쌀밥이 넉넉히 들어간 삼계탕 속의 닭 한 마리까지, 모두 한번 속을 비워낸 후 비어버린 공간을 새로운 재료로 채우는 과정을 거치는 요리들이다.

이렇듯 한 재료의 속을 다른 재료로 채워 넣는 요리를 즐기는 나라로 터키를 빼뜨

릴 수 없다. 터키인들은 채소나 기타 재료를 그릇 삼아 속을 채운 여타의 요리를 '돌마(dolma)'라고 부른다. '돌마'는 '채우다'라는 의미의 동사인 '돌막'을 명사화한 단어로서, 번역하면 '속을 채운 것' 정도의 의미가 된다.

터키인들이 실로 다양한 재료를 돌마를 위한 '그릇'으로 삼는다. 그래서 터키에서는 'OO돌마'라고 이름 지어진 요리를 자주 만나볼 수 있다. 그릇이 되는 재료로는 토마토, 피망, 양파, 쥬키니, 가지와 같은 채소가 주를 이루지만, 한국인이 보기에 신기하게 여겨지는 조합도 존재한다. 이스탄불의 길거리 간식 '미디예 돌마'는 홍합살을 파내서 쌀과 섞어 속을 만든 뒤, 이를 다시 홍합 껍데기에 집어넣어 만든다. 오징어 몸통을 통통하게 채운 '칼라마르 돌마'는 우리나라의 오징어순대와 닮은꼴이다. 멜론의 속을 파내 양고기를 채워 넣은 '카분 돌마'도 있는데, 오스만 제국의 궁중요리였으며 오늘날에도 고급 요리 대접을 받는다고 한다.

돌마의 속 재료에는 소고기, 쌀, 벌거(bulgur)가 자주 쓰인다. 이와 더불어 건포도나 말린 체리, 석류와 같은 과일이 곁들여지기도 하고, 아몬드나 호두, 잣과 같은 견과류가 사용되기도 한다. 민트나 사프란 같은 허브가 들어가면 향기로움이 배가된다.

돌마는 이처럼 다양한 재료가 조화를 이루게 하는 매력적인 요리지만, 이를 요리하는 것은 상당히 번거로운 일이다. 멀쩡한 재료의 속을 파냄으로써 재료의 낭비가 발생함은 물론이고, 그 안에 들어갈 속 재료를 준비하는 것부터가 이미 요리 한 가지를 준비하는 것만큼의 정성을 필요로 한다. 이를 겉 재료에 차곡차곡 집어넣은 후에는 이를 다시 찌거나 오븐에서 구워야 한다. 이러한 과정을 빠짐없이 순서대로 진행해야 하기 때문에 요리하는 사람은 돌마를 위해 상당한 시간과 정성을 투자해야 한다. 그럼에도 불구하고 아직 돌마를 요리하는 이들이 많은 것은, 알맞게 비어있는 공간에 맛있는 속 재료를 두둑이 집어넣을 때 느낄 수 있는 오묘한 재미와 충족감의 영향이 클 것이다.

☺ 3-4인분

토마토와 피망 돌마 조리법

✔ 토마토 돌마(domates dolma)와 피망 돌마(biber dolma)를 만들어보자. 그리스, 이탈리아, 프랑스, 스페인, 멕시코 등지에도 이와 유사한 요리가 존재하는데, 나라마다 조금씩 다른 재료를 비교하는 재미가 있다.

✔ 그리스에서는 포도잎으로 감싼 요리를 '돌마'라고 부른다. 같은 요리를 터키에서는 '살마'로 부른다. '감싼 것' 의미하는 살마는 돌마의 하위분류이다.

- 토마토 단단하고 것으로 대여섯 개
- 피망 단단한 것으로 대여섯 개
- 소고기 다짐육 300g
- 쌀 2-3인분 (약 200g, 3시간 이상 불린 후 20분 정도 끓여서 살짝 익힌다.)
- 토마토 페이스트 한 컵 또는 캔 토마토 하나
  (캔토마토를 사용할 경우 이를 믹서에 갈거나 곱게 으깨둔다)
- 마늘 6톨 다진 것
- 말린 민트 1 tbsp
- 소금, 후추
- 올리브유 3 tbsp

1. 토마토와 피망의 윗부분을 잘라 뚜껑을 만들고 숟가락으로 속을 파낸다.
   아랫부분을 구멍이 나지 않을 정도로 살짝 잘라서 바닥을 평평하게 만들도록 한다.

2. 쌀, 소고기, 토마토 페이스트, 다진 마늘, 민트, 소금, 후추를 고루 섞는다.
   토마토 페이스트는 후반부를 위해 4 tbsp 정도 남겨놓는다.

3. 속을 비운 토마토와 피망에 2의 속 재료를 집어넣는다.
   쌀이 익으면서 부피가 커질 것을 고려해 너무 가득 담지 않는다.

4. 3의 재료에 올리브유를 적당량 뿌린다. 토마토와 피망의 뚜껑을 덮는다.
   팬 바닥에 손가락 두 마디 정도의 높이로 물을 자작하게 붓는다.

5. 180도로 예열한 오븐에 40분간 익힌다.

6. 5를 오븐에서 꺼낸다. 남겨두었던 토마토 페이스트 4 tbsp에 물 3 tbsp과
   올리브유 3 tbsp을 넣어 잘 섞은 후, 이를 토마토와 피망 위에 뿌린다.
   180도의 오븐에서 15-20분간 더 익힌다. 쌀이 다 익으면 완성이다.

이맘 바이알디: 먹으면 기절하는 요리

정말 맛있는 요리를 일컫는 말로 '둘이 먹다 하나가 죽어도 모른다'는 표현이 있다. 요리가 맛있어서 죽다니, 과장이 심하기는 하다. 누군가 자신의 요리에 '둘이 먹다 하나 죽어도 모를 요리'라는 이름을 붙인다 한들 흔쾌히 그 이름을 따라 부를 이는 많지 않을 것이다. 그렇기에, 머나먼 터키 땅에 '먹고 기절한다'는 이름이 정식으로 붙은 요리가 있다는 점이 신기하다. 튀기듯 구운 가지를 반으로 갈라 토마토 등의 채소를 채워 넣은 요리인 '이맘 바이알디'가 그 주인공이다. '기절한 이맘' 내지는 '쓰러진 이맘'으로 해석되는 흥미로운 이름이다.

'이맘'은 대체 어떤 사람이었을까? 이는 이슬람권의 문화에 익숙하지 않은 사람이라면 가장 먼저 떠올릴만한 질문이다. 이맘은 아랍어로 '이끄는 자'를 의미하는데, 종파에 따라 그 의미가 크게 다르다. 수니파에서 이맘은 예배를 지도하는 학식 있는 사람을 의미한다. 반대로 시아파에서의 이맘은 최고지도자로서 국가를 통치하는 사람을 일컫는다. 전체 무슬림 인구의 80%가 수니파에 속하는 터키의 상황을 통해 유추하자면, '이맘 바이얄디'의 주인공이었을 이맘은 최고지도자보다는 모스크에서 예배를 지도하던 사람으로 추측된다.

그렇다면 이맘은 왜 기절한 것일까? 여기에 몇 가지 설이 전해진다. 첫 번째 이야기는 가장 단순 명쾌하다. 요리가 너무 맛있었기 때문에 이를 처음으로 맛본 이맘이 놀라움에 기절해버렸다는 것이다. 이맘 바이얄디에 대해 가장 널리 퍼진 이야기이기도 하다.

두 번째 이야기는 이보다 더 구체적이다. 이야기는 이맘과 결혼한 딸을 위해 부유한 올리브유 상인이었던 아버지가 지참금으로 가장 좋은 올리브오일 12병을 이맘의 집으로 보낸 것에서 시작한다. 이맘의 아내가 된 딸은 결혼 첫날 저녁에 토마토와 양파로 속을 채운 가지 요리를 만들어 상에 올렸는데, 이를 맛본 이맘이 단번에 이 요리에 매료되어버렸다고 한다. 이를 목격한 아내는 12일 동안 연속으로 가지 요리를 저녁식사에 올리다가, 13일째부터 이를 중단한다. 이에 실망한 이맘은 왜 가지 요리가 올라오지 않았는지를 물었다. 아내는 수줍어하며 가지 요리를 한번 만들 때마다 올리브유 한 병을 전부 사용했기 때문에 남은 기름이 없어 더 이상 만들 수 없다고 대답했다. 자신이 아무것도 모르고 즐기던 요리로 인해 귀한 기름을 다 써버렸다는 사실에 충격을 받은 이맘은 그 자리에서 기절해버렸다고 한다. 기절한 이맘을 이해하기 위해서는 압착 기술과 농업기술이 발달하지 않았던 과거엔 식물성기름이 현대와는 비교도 안 되게 귀했음을 고려해야 한다.

세 번째 이야기에는 전쟁으로 인해 어려운 시기에 아내에게 화려한 요리 대신 소박한 요리를 먹어야 한다고 고집하는 이맘이 등장한다. 얼마간 남편의 뜻을 따르던 아내는 어느 순간부터 지하실에 재료가 가득한데도 불구하고 맛없는 식사를 이어나가야 하는 현실에 불만을 품기 시작한다. 이맘의 고집에 질려버린 그녀는 남편의 동의 없이 큰 잔치를 열어 이웃들에게 맛있는 가지 요리를 선보였다. 집에 돌아온 남편이 이에 크게 놀라자, 그녀는 남편의 화를 누그러뜨리기 위해 "당신의 기력을 보충하기 위해 특별한 요리를 준비했다"라고 속삭이며 가지 요리를 상에 올렸다. 요리의 맛에 화가 풀어진 이맘은 아내의 요리를 칭찬하며 즐거운 식사를 했다. 그러나 식사를 마친 후 텅 빈 지하창고를 확인한 순간, 충격에 싸여 쓰러지고 말았다고 한다.

요리의 이름에 얽힌 이야기가 대부분 그러하듯, 세 이야기 중 어느 것이 진짜인지, 진짜인 이야기가 있는지는 알 방도가 없다. 어디의 누가 이맘 바이얄디의 이름을 붙였는지 알 수 없지만, 세 가지의 이야기가 공통으로 보증하는 사실이 있다. 바로 이맘 바이얄디가 정말로 맛있는 요리라는 점이다!

2-3인분

이맘 바이얄디(카르느야륵) 조리법

✔ 이맘 바이얄디를 만드느라 기름을 너무 많이 사용해서 기절했다는 이야기가 전해지지만, 꼭 그 정도로 기름을 많이 사용해야 하는 것은 아니다. 기름이 가장 많이 필요한 부분은 가지를 튀기는 부분인데, 전 부칠 때 두르는 양으로도 충분히 조리할 수 있다.

✔ 정통 이맘 바이얄디는 고기가 들어가지 않는 요리로, 구운 가지에 양파와 토마토, 마늘, 피망 등을 조리하여 넣는다. 이맘 바이얄디와 비교되곤 하는 카르느야륵 [Karnıyarık, '반으로 갈라진 배(belly)'를 의미하는 이름]은 전반적으로 비슷한 가운데 속 재료로 다진 고기가 추가된다는 점이 다르다. 사람에 따라 다르겠지만, 채식 버전이든 고기가 들어간 버전이든 이맘 바이얄디와 카르느야륵이라는 이름을 구분하지 않고 붙이는 경우가 많다.

재료

속 재료

· 다진 소고기(또는 양고기) 300g
· 다진 양파 2개
· 강판에 간 토마토 3개
· 맵지 않은 청고추 다진 것 3개
· 토마토 페이스트 1 tbsp
· 터키식 고추장 1 tbsp(두반장이나 하리사로 대체)
· 올리브유, 소금, 후추, 파슬리, 페퍼 플레이크 약간

토마토소스 재료

· 토마토 페이스트 1 tbsp
· 올리브유 3 tbsp
· 끓는 물 1 컵

그 외

· 가지 6-7 개, 소금을 문지르듯 발라 30분간 두었다가 물로 헹구고 키친타월로 닦아 준비한다. 껍질을 일부만 벗겨 세로줄 모양을 낼 수 있다.
· 토핑용 청고추 6-7 개

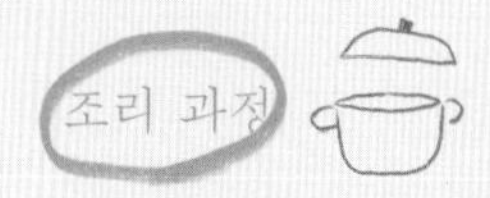

1. 손질한 가지는 속에 내용물을 담을 수 있도록 반으로 살짝 가른다. (너무 깊이 자르면 부서질 수 있으니 주의한다). 기름을 넉넉하게 두른 팬에 겉면이 노릇해질 때까지 튀기듯 익힌다.

2. 올리브유를 두른 팬에 다진 양파를 볶는다.

3. 다진 청고추와 고기 다짐육을 넣고 고기가 익을 때까지 볶는다.

4. 토마토 페이스트와 고추장(또는 두반장)을 넣고 고기에 양념이 잘 스며들 때까지 볶는다.

5. 강판에 간 토마토, 소금, 후추, 파슬리, 페퍼 플레이크를 넣는다.
토마토가 완전히 익어 맛이 잘 섞일 때까지 15분 정도 끓인다.

6. 끓는 물에 토마토 페이스트와 올리브유를 넣고 잘 섞어서 소스를 만든다.

7. 오븐 용기에 구운 가지를 속 재료를 담을 수 있도록 오목하게 모양을 다듬는다.

8. 가지에 속 재료를 담고 토핑용 청고추를 하나씩 올린다. 만들어둔 토마토소스를 바닥 평면이 자작해질 정도로 뿌린다.

9. 180도로 예열한 오븐에 30분간 익힌다.

그리스

기로스

집에서 요리로

그리스를 여행하기에 앞서

유럽 어느 나라보다도 오랜 역사를 자랑하는 나라인 만큼 그리스의 요리는 오늘날 지중해 유럽 요리의 기초를 마련한 요리로 알려져 있다. 고대 그리스의 요리는 밀, 올리브유, 와인을 기초로 하였으며 기후와 지형의 특성상 소고기보다는 염소고기나 양고기, 돼지고기가 더 많이 사용되었다고 한다. 이는 아직까지도 지중해 요리의 핵심이 되는 요소들이다.

400년간 오스만 제국의 지배를 받았던 경험은 오늘날 그리스요리가 터키요리와 비슷한 특징을 공유하게 되는 계기가 되었다. 오스만 제국을 통해 그리스에 자리 잡은 요리에는 바클라바와 같이 필로(filo) 페이스트리를 이용한 디저트, 피스타치오, 요구르트 등이 있다. 그리스와 터키 사이에 이름이 유사하거나 요리법이 동일한 요리가 있다면 그것은 필시 이 시기 활발히 일어났던 문화교류의 흔적이다. 이 때문에 그리스와 터키 사이에서는 특정 요리의 원조 자리를 두고 첨예한 신경전이 벌어지기도 한다.

그리스요리를 위한 기본 재료

1. 허브: 로즈메리, 오레가노, 타임, 바질, 민트, 파슬리, 월계수 잎.

2. 올리브와 올리브유: 그리스 신화를 통해 잘 알려져 있듯이 그리스요리에서 중요한 재료로 손꼽힌다.

3. 시나몬, 넛멕: 디저트(바클라바)는 물론 요리(무사카 등)에도 사용된다.

4. 큐민: 톡쏘는 향이 있으며 양고기와 쇠고기에 잘 어울린다. 고기요리의 양념에 자주 사용된다.

5. 요구르트: 간식이나 간단한 식사로 식용할 뿐 아니라 그리스의 대표 소스인 차지키를 만드는데 필수적인 재료이다.

6. 레몬: 요리의 마지막에 신맛을 더해주는 용도로 자주 등장한다. 달걀노른자와 레몬을 섞어 만든 아브고레모노 소스가 유명하다.

7. 페타치즈: 염소젖으로 만든 단단한 치즈이다. 그릭 샐러드의 주재료가 되며, 페이스트리에도 자주 활용된다. 한국에 수입되는 종류는 매우 짜기 때문에 흐르는 물에 살짝 헹구고 물기를 닦아내서 사용하는 것이 좋다.

8. 필로: 얇은 밀가루 반죽이 겹겹이 쌓여있는 페이스트리지로, 일반적인 페이스트리지보다도 훨씬 얇고 바삭하다. 바클라바와 각종 파이를 이 필로로 만든다.

기로스: 이름에 얽힌 다양한 이야기

기로스는 그리스의 대표적인 고기요리이다. 기로스를 만들기 위해서는 먼저 쇠기둥에 얇게 썬 고기를 켜켜이 끼워 큰 덩어리를 만들어야 한다. 이를 열에 익힌 것을 수직으로 잘라 소스와 토핑을 곁들이는데, 터키의 되네르케밥과 만드는 방식이 매우 유사하다. 피타브레드와 감자튀김을 곁들여먹는 경우가 많으며, 그릭요구르트로 만든 소스가 더해진다. 그리스의 거리를 걷다 보면 기로스가 지글지글 익는 강렬한 향기에 길을 멈추고 주변을 둘러보게 되는 경우가 많다고 한다.

기로스는 다른 어떤 요리보다 이름에 얽힌 이야기가 많은 요리이다. 수많은 이야기 중 흥미로운 이야기를 세 가지 정도 추려볼 수 있다. 첫 번째 이야기는 기로스라는 이름에 대한 외국인들의 오해를 다룬다. '기로스'는 그리스어로 'Γύρος'로 표기된다. 이때 '기로스'는 단수명사이며, '스(ς)'는 복수형을 나타내는 표지가 아니다. 그러나 이를 접한 외국인(특히 미국인)들은 '기로스'의 'ς'를 복수명사를 만드는 접미사 's'로 오해하고 말았다. 이러한 오해 속에, 이들은 '한 개의 기로스'를 언급할 때 이것이 '기로'가 된다고 짐작하게 되었다. '기로스' 대신 '기로'라는 잘못된 이름이 전 세계에 퍼지게 된 것은 바로 이 때문이다.

두 번째 사연은 기로스의 어원과 관련이 있다. 몇몇 외국인들은 기로스를 '자이로'라고 부르곤 한다. 디즈니 영화 「소울」(2020)에는 주인공들이 기로스의 발음을 두고 '기로스(이로스라고 발음되기도 함)'가 맞는지 '자이로'가 맞는지 말다툼하는 장면이 삽입되기도 했다. 그리스 사람의 관점에서 정답은 '기로스'가 맞지만, 영어화자들의 오해에도 나름의 사연이 있다. 영어화자들이 '기로'의 발음을 '자이로'로 어림짐작하게 된 배경에는 이들에게 익숙한 '자이로드롭(gyrodrop)'이나 '자이로스콥(gyroscope)'과 같은 단어들이 있기 때문이다. 이 단어에 공통적으로 사용되는 접두어 'gyro-'는 '빙빙 돌리다'를 뜻하는 그리스어 'Γύρος'에서 유래한 것으로, 요리로서의 기로스와 동일한 단어이다. 전후관계를 정확히 짚자면, '기로스'라는 요리명은 '빙빙 돌린다'는 기존의 단어를 본따 만든 이름이다. 꼬챙이에 끼운 고기를 빙글빙글 돌리며 굽는 요리방식이 그 근거가 되었다.

세 번째 사연은 그리스와 터키 사이의 불편한 역사와 관련이 있다. '기로스' 라는 요리는 오스만 제국의 흔적을 떨쳐버리고자 했던 그리스인들의 욕망에 기인하여 탄생했기 때문이다. 얇게 저민 고기를 꼬챙이에 끼워 큰 칼로 잘라먹는 요리는 원래 그리스가 아닌 터키에서 기원한 것이었다. 7세기에 터키에서 생겨난 이 요리가 그리스 땅에서 인기를 끌게 된 것은 1920년대의 일이다. '그리스-터키 인구 교환'의 과정에서 수십만의 아나톨리아 출신 난민들이 그리스로 강제로 이주한 것이 바로 이 시기의 일이다. 되네르케밥 또한 이 난민들과 함께 그리스로 건너온 것으로 알려져 있다. 물론 터키식 이름이 그대로 붙은 채였다. 이 요리에 '기로스'라는 그리스식 이름이 붙은 것은 이로부터 수십 년이 지난 후의 일이었다. 상당수의 그리스인들이 되네르케밥이라는 이름이 '너무 터키식'이라고 비판하며 그리스어로 된 새로운 이름을 붙이자는 여론을 형성하기 시작한 것이다. 그리하여 선택된 이름이 바로 기로스였다. '빙빙 돌린다'는 의미의 터키어 '되네르'를 직접적으로 번역한 결과물이었다.

기로스만큼 터키와 그리스 간의 복잡한 역사를 잘 반영하는 요리는 많지 않을 것이다. '되네르케밥'이 '기로스'가 되기까지의 험난한 여정과 여기에 얽힌 미묘한 감정의 골을 당사자가 아닌 외국인이 완벽히 이해하기는 어려워 보인다. 하지만 무엇보다 명확한 것은, 그리스인을 비롯한 많은 이들이 기로스를 사랑한다는 것이다. 기로스를 한번 맛보면, 누구든 기로스와 사랑에 빠질 수밖에 없다.

 2-3인분

기로스 조리법

✔ 기로스는 얇게 썬 고기를 켜켜이 쌓아 덩어리를 만들어 이를 수직으로 잘라 만들어야 한다. 하지만 이를 가정에서 만들기 어렵기 때문에 보다 간단하게 레시피를 수정했다.

재료

- 닭가슴살 4 개 또는 닭다리살 600g

마리네이드 재료

- 코리앤더 파우더 1 tbsp
- 레몬 제스트
- 다진 마늘 1-2알
- 파프리카 파우더 2 tbsp
- 칠리 플레이크 또는 고춧가루 취향껏
- 타임 1 tbsp
- 올리브오일 60ml
- 레몬즙 1 tbsp
- 소금 약간

조리 과정

1. 마리네이드 재료를 잘 섞는다.
   절구에 함께 갈면 향이 더 잘 섞인다.
2. 닭고기를 1 cm 두께로 얇게 저민다.
3. 닭고기와 마리네이드 소스를 잘 섞어서
   냉장고에서 재운다. (20분-하룻밤)
4. 뜨겁게 달군 팬에 올리브유를 넉넉히
   두르고 마리네이드 한 닭고기를 올려서 굽는다.
5. 피타브레드(또는 난)와 그릭 샐러드, 요구르트를 곁들인다.

태우지 않고 바삭하게 고기를 굽는 팁!

-자주 뒤집지 않는다.
-한 번에 적당량만 익힌다.
-스테인레스팬이나 무쇠 팬을 사용한다.
-미리 잘 예열한 후 기름을 넉넉히 두른다.

스페인

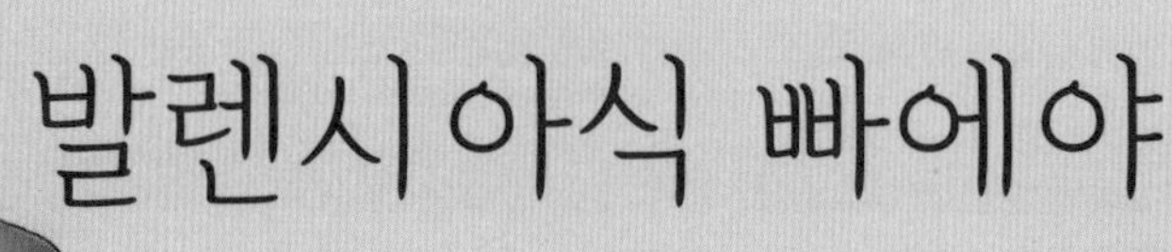

발렌시아식 빠에야

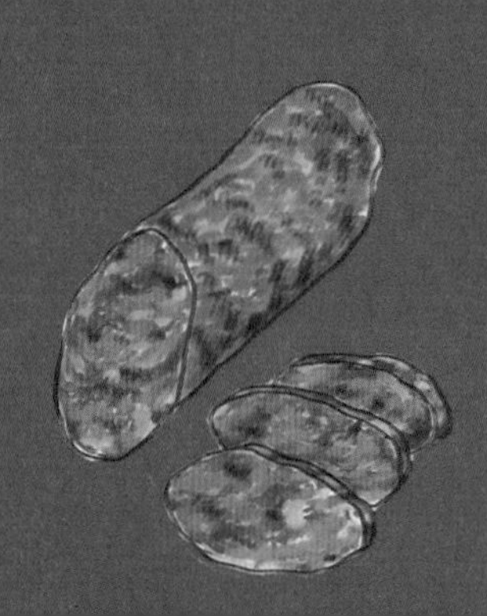

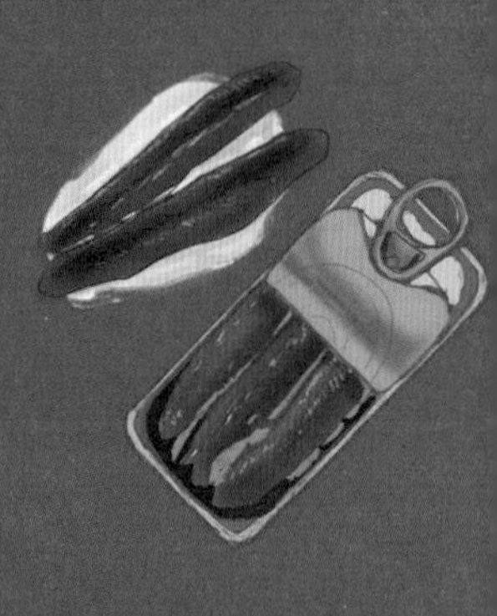

집에서 요리로

스페인을 여행하기에 앞서

스페인은 다양한 자연환경을 갖춘 나라이다. 위쪽으로는 선선한 고산지대가 있고 그 아래에는 무더운 고원지대가, 그 밑에는 태양이 내리쬐는 지중해를 접한 해안이 펼쳐져 있다. 이러한 지역차로 인해 스페인의 요리는 지역별 특징이 뚜렷하다. 하지만 식사에 와인이나 맥주를 곁들이고 여유를 즐기며 올리브유 인심이 후한 여유로운 모습 또한 스페인 어디를 가나 만날 수 있는 풍경이다.

여러 왕국이 피고 졌던 복잡다단했던 스페인의 역사는 이 지역의 식문화에 큰 영향을 미쳤다. 이슬람 왕조가 이베리아반도의 상당 부분을 통치하던 시기에는 이슬람의 식재료와 요리법이 유입되었다. 쌀, 가지, 아몬드, 오렌지와 같은 재료와 다양한 디저트류가 그 예이다. 유명한 빠에야 또한 이 시기에 도입된 이슬람식 쌀 요리의 후예라고 보는 이가 많다. 아메리카 대륙의 발견 또한 신세계를 향한 도전에 앞장섰던 스페인의 식문화에 큰 변화를 불러일으켰다. 토마토와 감자, 파프리카, 코코아 등의 농산물이 아메리카 대륙으로부터 스페인으로 전파되었으며, 시간을 거치며 스페인의 식단에서 빠뜨릴 수 없는 위치를 차지하게 되었다.

스페인요리를 위한 기본 재료

1. 파프리카 파우더: 스페인어로는 피멘톤(pimentón)이라고 불린다. 고춧가루와 비교하면 매운맛이 거의 없는 편이며 좀 더 달큼한 향이 난다.

2. 사프론: 빠에야의 아름다운 황금색의 비결이며, 가격이 비싼 재료로 유명하다. 이슬람 식문화의 영향을 받아 널리 사용되게 되었다.

3. 셰리 식초: 셰리와인으로 만드는 식초로, 특유의 나무 향이 있다. 온라인으로 구매할 수 있으며, 경우에 따라 화이트와인 식초로 대체할 수 있다.

4. 초리조 소시지: 피멘톤이 듬뿍 들어가 열을 가하면 매콤한 고추기름 같은 것이 뿜어져 나온다. 수프 요리에 잘 어울린다.

5. 마늘, 오레가노, 로즈메리: 스페인요리에 자주 사용되는 허브이다.

6. 올리브유: 스페인은 올리브유 생산량 1위를 차지하는 국가이며, 스페인 사람들 또한 다량의 올리브를 사용하는 것에 거리낌이 없다.

7. 앤초비: 타파스나 드레싱의 재료로 등장하는 경우가 많다.

8. 토마토와 토마토 페이스트: 통조림으로 구비해두면 오래 두고 사용할 수 있다.

빠에야: 위키빠에야와 투어리스트 트랩

스페인을 찾는 이라면 누구나 한 번 이상 빠에야 먹기를 시도한다. 빠에야(paella)는 스페인을 대표하는 쌀 요리로, 얇고 넓은 팬에 다양한 재료와 함께 요리하는 것이 특징이다. 많은 관광객들이 빠에야가 스페인의 국민요리일 것이라 어림짐작하곤 한다. 하지만 이러한 생각과는 반대로, 빠에야는 모든 가정에서 요리되는 국민요리가 아니라 발렌시아(Valencia)의 지역 요리이다. 스페인의 동남부에 위치한 발렌시아는 쌀과 사프론의 생산지로 유명하다. 빠에야는 이 지역의 농민들이 새참으로 먹던 요리로, 여러 사람이 나누어먹기 위해 넓은 팬에 밥을 대량으로 끓여 만들던 것에서 기원했다. 발렌시아식 빠에야의 재료를 살펴보면 농부들이 야외에서 빠에야를 요리하던 모습을 그려볼 수 있다. 그야말로 주변에서 보였을 만한 재료가 몽땅 들어가 있는데, 토끼와 닭, 달팽이와 콩 등 다양한 재료가 아낌없이 들어가 있다.

발렌시아 지역에는 아직도 휴일에 온 가족이 모여 커다란 팬에 빠에야를 만드는 전통이 남아있다고 한다. 하지만 이러한 전통이 스페인 전 지역에 퍼져 있다고 보는 것은 다소 오해의 여지가 있다. 기록에 따르면, 발렌시아의 농민들이 먹던 새참 요리가 빠에야라는 이름으로 멀리 떨어진 지역에 알려지기 시작한 것은 고작해야 19세기의 일이었다고 한다. 현재까지도 대부분의 스페인 사람들은 빠에야는 발렌시아를 대표하는 지역 요리일 뿐, 국가 전체를 대표하지는 않는다는 의견을 가지고 있다.

그렇다면 빠에야는 언제부터 스페인을 대표하는 요리로 자리매김하게 된 것일까? 이에 대한 답으로, 스페인 관광업의 발전과 빠에야의 급부상을 연결 짓는 시각이 있어 흥미롭다. 알록달록하고 이색적인 빠에야가 외국인들의 관심을 끌기 시작하자, 그에 대한 응답으로 우후죽순처럼 빠에야 전문점이 생겨났다는 것이다. 관광업이 발전하려면 으레 그 나라를 대표하는 요리가 있어야 하는 법이기에, 빠에야는 곧 스페인을 대표하는 요리로 스포트라이트를 받게 되었다고 한다.

빠에야를 진심으로 사랑하는 스페인 사람들은, 이러한 관광 문화 때문에 빠에야의 본질이 훼손되고 있다는 사실을 지적한다. 이윤 창출을 목표로 하는 장삿속 때문에 전통적인 발렌시아식 빠에야 레시피가 왜곡되고 변형되고 있기 때문이다. 고급 재료인 사프란이 어느 순간부터 강황이나 노란 식용색소로 대체되고, 조리시간을 줄이기 위해 미리 대량으로 만들어둔 빠에야나 냉동 빠에야를 조금씩 덜어서 판매하는 체인 식당이 늘어난 것이다. 자국민들은 이 공공연한 사실을 알고서 빠에야 체인점을 피하는 가운데, 이러한 진실을 까맣게 모르는 관광객들만 저렴한 가격에 매료되어 문전성시를 이루고 있다고 한다.

흥미로운 것은, 변화하는 빠에야에 대한 우려가 컸던 것인지, 스페인 내에서 순수한 빠에야 복고주의가 생겨나게 되었다는 점이다. '위키빠에야(wikipaella.org)'는 이러한 운동의 선도 역할을 하고 있는 사이트이다. 위키빠에야를 방문하면, 전통적인 빠에야 레시피를 준수하는 식당들의 리스트가 정리되어 있다. 이 협회는 2016년 영국의 유명 요리사 제이미올리버가 얼토당토않은 밥 요리를 '빠에야'로 소개하는 영상을 업로드한 것에 대해 비판한 바가 있다. 순수한 빠에야를 보존하고 발렌시아 정통 빠에야 레시피를 세계에 전파하고자 하는 이들의 목적이 과연 성공적으로 달성될 수 있을지 호기심을 자아낸다.

3-4인분

발렌시아식 빠에야 조리법

✔ 주철로 만든 빠에야 팬은 열전도율이 빠른 한편 잔열을 오래 보존하지 않기 때문에 빠에야 요리에 적합하다. 빠에야 팬을 대체하는 데는 바닥면이 넓은 스테인리스팬이나 냄비가 추천된다. 오래 가열하거나 누룽지를 긁다 보면 코팅이 벗겨질 수 있는 테플론팬이나 잔열보존 기능이 탁월한 무쇠 재질의 팬은 추천하지 않는다.

✔ 발렌시아식 빠에야에 들어가는 재료 중 달팽이의 경우, 가정에서 구하기 어려우므로 식감이 비슷한 골뱅이로 대체할 수 있다. 간장에 절여진 것이 대부분이므로 맛은 조금 차이가 날 수 있다.

재료

- 쌀 2인분(200g)
- 돼지고기 약 200g
- 닭고기 약 200g
- 그린빈 한 컵
- 골뱅이 한 캔
- 캔 토마토 하나 또는 완숙 토마토 4 개
- 콩 한 컵
- 마늘 다진 것 세 톨
- 사프론 한 꼬집(20 가닥 정도)
- 파프리카 파우더 1 tbsp
- 소금 1 tbsp(선호에 따라 가감)
- 물 또는 스톡 4 컵
- 올리브유
- 로즈메리, 오레가노 약간

Tip

캔에 든 콩인 경우 다 익은 것이기 때문에 요리 후반부에 넣고, 건조된 콩의 경우 불렸다가 고기 조리가 끝나면 같이 넣고 익힌다.

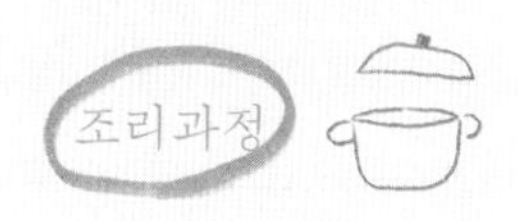

1 팬에 올리브유를 넉넉히 두르고 닭고기와 돼지고기를 익힌다.
겉면에 갈색 크러스트가 생기면 맛이 배가 된다.

2 팬에 마늘과 토마토를 넣고 부드러워질 때까지 익힌다.

3 따뜻한 물에 사프론을 넣고 색을 우려낸다.

4 팬에 물 또는 스톡, 파프리카 파우더, 소금, 사프론을 넣고 살짝 끓인다. 콩과 그린빈을 더한다.

5 쌀과 골뱅이, 허브를 넣고 표면을 고르게 한다. 불을 중약불에 두고 쌀이 익을 때까지 기다린다.
쌀을 뒤섞지 않고 그대로 익히는 것이 중요하다. 쌀의 익음 정도에 비해 물이 부족하다면 조금씩 추가한다.

6 표면의 쌀이 익었는지 확인한다. 바닥에 눌은 누룽지(socarrat)가 맛있는 빠에야의 척도이므로,
막바지에 불을 강불로 올려 누룽지 만들기에 도전해볼 수도 있다. 레몬을 올려 완성한다.

이탈리아

바냐카우다

집에서 요리로

이탈리아를 여행하기에 앞서

이탈리아요리는 중국요리 다음으로 한국인에게 익숙한 외국 요리라 보아도 무방하다. 이탈리안 레스토랑의 피자와 파스타가 소개팅의 필수 코스이기도 하니까 말이다. 이탈리아 요리는 우리나라뿐만 아니라, 전 세계 사람들에게 널리 퍼져 사랑받는 요리 중 하나이다. 이탈리아인들이 즐기는 다양한 파스타 레시피도 흥미롭지만, 피자와 파스타 너머 다채로운 이탈리아요리를 탐구하는 것 또한 즐거운 미식 경험이 될 수 있다.

이탈리아요리를 위한 기본 재료

1. 올리브오일: 이탈리아요리에서 빼놓을 수 없는 재료이다. 기본적인 조리유로, 파스타 소스로, 샐러드드레싱으로 그 어디에나 활용될 수 있다.

2. 오레가노: 피자와 파스타를 위한 토마토소스에 빠지지 않고 들어가는 허브이다. 씁쓸하고 살짝 매콤한 향이 난다.

3. 바질: 토마토소스에 자주 사용되는 허브이다. 신선한 잎은 잣과 오일 등을 넣고 갈아 페스토 소스를 만들 수 있다. 갓 자른 잔디와 같은 강렬한 향이 있다.

4. 로즈메리: 육류 요리에 자주 활용된다. 소나무 같은 시원한 향이 있다.

5. 파슬리: 다른 허브와 함께 범용적으로 쓰인다. 건조한 파슬리는 아주 쉽게 구할 수 있다. 한국에서 데코레이션용으로 자주 보이는 종류는 곱슬잎 파슬리이며 펴진 모양의 잎을 가진 이탈리안 파슬리와는 다른 종류이다. 이탈리안 파슬리는 곱슬잎 파슬리보다 향과 풍미가 강하며, 질감이 부드럽다.

6. 세이지: 소나무와 목재향이 나는 허브이다. 소고기나 돼지고기와 잘 어울리며, 브라운 버터 소스(버터를 갈색빛이 돌도록 볶아 만드는 소스)에 자주 등장한다.

7. 발사믹 식초: 포도즙을 수년간 발효해서 만드는 식초이며, 전통방식으로 만든 것은 그만큼 가격이 비싸다. 드리즐하기 편리하도록 좀 더 끈적한 농도로 만든 발사믹 글레이즈도 있다.

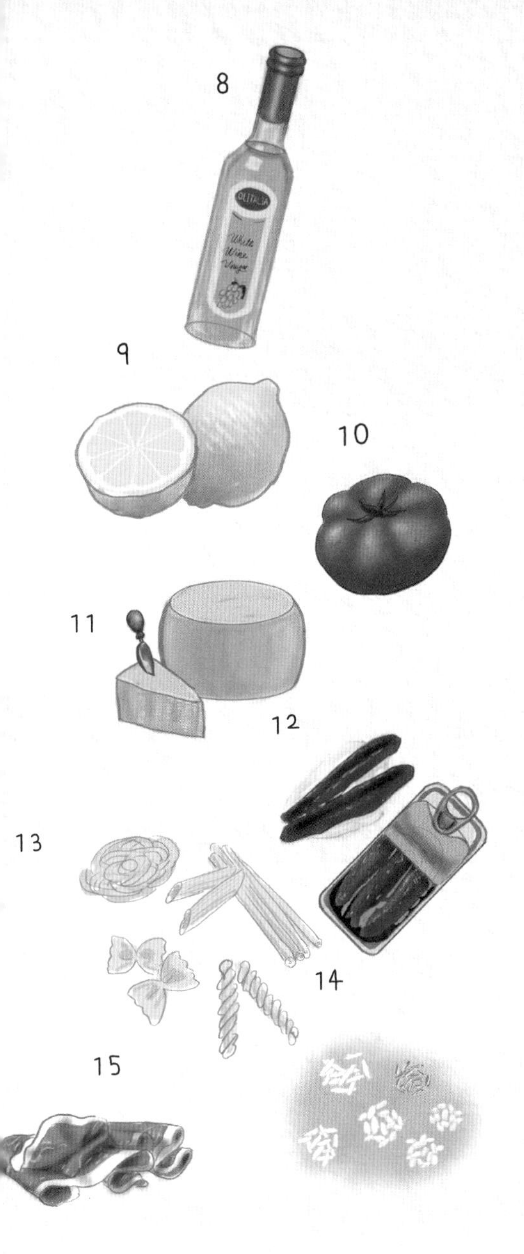

8. 와인 식초: 레드와인 식초와 화이트와인 식초 중 화이트와인 식초가 사용되는 범위가 더 넓은 듯하다. 드레싱이나 소스 등에 산미를 추가한다.

9. 레몬즙: 드레싱이나 소스 등에 산미를 부여한다.

10. 토마토: 한국과 이탈리아에서 생산되는 토마토(로마 또는 산마르자노 품종)의 맛에 차이가 있기 때문에 파스타나 피자 소스를 만들 때에는 캔토마토를 사용하는 것이 맛을 내기 더 편이하다. 고추장 정도의 밀도를 지닌 토마토 페이스트 또한 소스나 수프를 만드는 데 자주 쓰인다.

11. 파르마지아노 레지아노 치즈: 감칠맛이 넘치는 짭짤한 맛이 일품인 경성치즈이다. 파스타 등의 요리의 마지막에 뿌려 풍미를 살리는 경우가 많다. 비슷한 용도로 사용되는 치즈로 그라나파다노치즈가 있다.

12. 앤초비: 생선의 모양을 하고 있지만 뜨거운 기름에 조리하면 바로 녹듯이 형체가 사라진다. 감칠맛이 넘치는 짠맛이 있어 소스나 드레싱 등에 다양하게 사용된다.

13. 파스타: 크게 생면파스타와 건면파스타로 나뉘는데, 한국에서는 건면파스타를 쉽게 볼 수 있다. 생면파스타의 재료로는 밀가루, 달걀, 소금, 올리브오일 등이 있다.

14. 쌀: 리소토에 사용되는 쌀은 한국의 쌀과 같은 단립종이지만 세세하게 보면 차이가 있다. 리소토용으로 가장 흔하게 사용되는 쌀은 알보리오(Arborio)종이다.

15. 각종 햄: 판체타(염장삼겹살), 관찰레(염장볼살 햄), 살라미, 프로슈토 등 다양한 햄이 요리에 사용된다.

바냐카우다: 멸치가 산을 오른 사연

바냐카우다는 따뜻하게 데운 상태에서 각종 채소를 찍어 먹는 딥(dip)으로, 알프스 산맥으로 둘러싸인 이탈리아 북부 피에몬테 지역에서 기원했다. 바냐카우다(Bagna Cauda)는 '뜨거운 목욕(그릇)' 또는 '뜨거운 소스(dip)' 정도로 번역되며, 이름에서 나타나듯 겨울을 위한 요리이다. 피에몬테 사람들은 겨울이 되면 비축해둔 뿌리채소를 다듬어서 따끈하게 데운 바냐카우다에 찍어 먹었다. 알프스 건너 이웃한 스위스의 퐁듀와 유래와 기능이 유사하다고 볼 수 있다.

바냐카우다의 주재료는 올리브오일과 앤초비, 마늘과 버터이다. 여기에 다른 재료를 넣거나 빼서 변주하는 경우가 있지만, 그 어떤 경우에도 빠뜨릴 수 없는 재료는 앤초비(anchovy)이다. 앤초비는 청어목 멸치과의 작은 생선의 이름이기도 하고 그 생선을 염장한 서양식 젓갈의 이름이기도 하다. 소금물에 절였던 것을 올리브유에 담가 보관하기 때문에 한국식 젓갈과는 모양새가 조금 다르다.

생선이 주재료가 되는 바냐카우다가 어떻게 알프스의 발치에 위치한 피에몬테에서 탄생했는지에 관해서 흥미로운 이야기가 전해진다. 바로 '소금'과 '탈세'이야기이다. 인류의 생존에 필수적인 소금은 예로부터 세금을 매기는 주요 품목으로 관리되었다. 로마인들 또한 일찍이 소금길(Salt roads)을 갈고닦아 길목마다 세금 징수원을 파견하여 소금의 운반과 유통을 감시하게 했다. 로마제국이 멸망하고 난 뒤에도 그 길은 이탈리아반도 곳곳에 남아 물자를 유통하고 이에 따르는 세금을 징수할 수 있게 하는 신경망 역할을 하였다.

피에몬테에는 소금광산이 없기에, 피에몬테 사람들은 주기적으로 인접한 리구리아 해안 마을로 내려가 소금과 물고기를 그들이 생산한 버터와 치즈, 곡물과 교환해야 했다고 한다. 돌아오는 길목에는 이미 조세 징수원들이 자리를 잡고 있는 상황이었다. 이에 피에몬테 사람들은 꼼수를 떠올려, 검사받을 통의 아랫부분에 소금을 담고, 이를 면세 품목이었던 앤초비로 덮어버렸다. 조세 징수원들이 달구지를 멈추면 이들은 뚜껑을 열어 그 위를 덮은 앤초비를 보였다. 부패한 앤초비에서 진동하는 바다냄새가 조세 징수원들의 코를 찔렀고, 그들은 코를 감싸 쥐고 달구지를 그냥 보내주었다고 한다. 이렇게 소금과 섞인 앤초비가 피에몬테의 산기슭에 닿을 때쯤에는 염장의 마법이 그 기술을 발휘하여 먹음직스러운 젓갈이 되어있었다고 한다. 이 앤초비와 소금, 탈세에 관한 이야기의 진실성을 증빙한 역사적 사료는 존재하지 않는다. 그러나 세금이 주는 부담감에 대한 공감대가 형성되어 있어서인가, 이야기는 현대까지 생명력을 갖고 구전되게 되었다.

피에몬테의 앤초비에 대한 자료가 존재하지 않는 것과 마찬가지로, 바냐카우다에 대한 기록도 19세기가 되어서야 처음으로 등장한다. 실제로 탄생했다고 보는 시기는 그보다 수백 년 전인데도 그러하다. 펜대를 쥔 이들에 의해 바냐카우다의 존재가 오랜 기간 외면받은 것은 아마도 바냐카우다가 그동안 철저히 서민들의 요리로 분류된 것과 관련이 있을 것이다. 이탈리아의 귀족들은 바냐카우다와 같이 마늘을 잔뜩 집어넣은 요리를 고상하지 못한 요리로 보았다고 한다. 오늘날 바냐카우다에 대한 인식은 크게 변화해서, 피에몬테 지방에서는 바냐카우다를 주제로 한 축제가 성황리에 펼쳐지곤 한다고 한다.

3-4인분

바냐카우다 조리법

재료

- 엑스트라 버진 올리브오일 1/2 컵
- 버터 3 tbsp
- 마늘 6-8 쪽
- 앤초비 6-8 필렛
- (선택)와인 식초 2 tsp
- (선택)칠리 플레이크 약간
- 곁들이 채소(파프리카, 당근, 오이, 감자, 브로콜리, 콜리플라워, 양파 등 냉장고 사정에 따라 자유롭게 준비한다)

1. 마늘을 절구에 넣고 곱게 빻는다.
2. 마늘에 앤초비를 넣고 함께 빻는다.
3. 팬에 올리브오일을 올려서 잠시 데운다. 약불로 줄이고 버터를 넣는다.
4. 3에 앤초비와 마늘을 넣고 휘저어가며 약불에 5분 정도 끓인다.
5. (선택) 불을 끄고 레드와인 식초나 칠리 플레이크를 더한다.
6. 곁들이 채소를 준비한다. 구울 것은 굽고, 다듬을 것은 다듬는다.
7. 바냐카우다와 곁들이 채소를 함께 차린다.

프랑스

노르망디 포크

집에서 요리로

프랑스를 여행하기에 앞서

이탈리아요리와 더불어 유럽 요리의 대명사로 통하는 프랑스요리는 고급 요리로도 명성이 높다. 흥미롭게도, 프랑스요리가 유럽을 대표하는 요리로 발전하게 된 것은 이탈리아의 영향이 컸다. 16세기, 피렌체의 카트린 드 메디시스가 프랑스의 발루아 왕가로 시집을 간 이래로 이탈리아의 발달한 음식문화가 프랑스로 전파되었기 때문이다. 이때 전래된 것으로는 포크의 사용법과 파슬리, 브로콜리, 시금치, 양상추 등의 식재료가 대표적이다. 커스터드와 크림 퍼프, 셔벗 및 마카롱 등의 디저트 또한 그녀가 데리고 온 요리사에 의해 프랑스에 알려지게 되었다.

프랑스 혁명을 기점으로 프랑스의 요리는 또 한번 큰 변화를 겪게 된다. 왕실과 귀족들을 위해 일하던 요리사들이 이들의 몰락 이후 일자리를 찾아 레스토랑을 개업하게 되었기 때문이다. 이를 소비할 수 있는 부르주아 집단의 대두와 상업경제의 발달로 프랑스요리는 더욱 발전해나갔다.

프랑스요리를 위한 기본 재료

1. 버터: 프랑스요리의 근간이라 할 수 있는 재료. 팬프라이 요리 및 디저트에 빠지지 않는다. 요리용으로는 무염버터를 사용해야 소금 간을 조절하기 용이하다. 버터와 밀가루, 우유를 활용한 소스인 루(roux)는 프랑스요리에 가장 자주 등장하는 베이스이다.

2. 밀가루: 빵을 만드는 용도 외에도 루(roux)가 들어간 각종 되직한 소스를 만드는 데 자주 등장한다. 밀가루와 버터를 덩어리로 뭉쳐 수프의 농도를 조절하는 데 활용할 수 있다.

3. 양파, 당근, 샐러리: 양파와 당근, 샐러리의 조합은 미르푸아(mirepoix)라고 불린다. 잘게 다져 볶은 것을 요리에 활용하는 경우가 많다.

4. 디종 머스터드: 고깃덩어리에 문질러 양념하거나, 샐러드드레싱의 재료가 된다.

5. 와인 식초: 샐러드 드레싱에 빠지지 않고 등장하는 재료이다.

6. 와인: 와인은 마시는 용도뿐 아니라 요리에도 사용된다. 꼬꼬뱅['뱅(vin)'이 와인을 뜻함]이 대표적이다.

7. 크림: 고소한 크림은 수프나 소스의 기본이 된다. 국물의 농도를 조절하기 위해 소량 사용되는 경우도 있다.

8. 올리브오일: 샐러드드레싱을 만들 때 사용된다. 고온에서 쉽게 타는 버터의 단점을 보완할 수 있기 때문에 팬프라잉에도 자주 활용된다.

9. 허브: 프랑스요리에 자주 등장하는 허브로는 로즈마리, 타임, 파슬리, 세이지, 월계수잎 등이 있다. 수프나 스튜에 들어갈 허브를 묶어놓은 것을 부케 가르니라고 부른다.

노르망디 포크: 돼지고기와 크림, 사과의 운명적 만남

'마리아쥬' 또는 '마리아주'라고 불리는 단어를 일상에서 쉽게 찾아볼 수 있게 되었다. '와인과 치즈의 환상적인 마리아주' 같은 표현은 요리잡지에서는 일종의 고유명사처럼 등장하기 마련이다. '음식끼리의 궁합 또는 그 조화' 정도로 번역할 수 있을 이 단어는 사실 결혼을 의미하는 영어 'marriage'의 사촌뻘 되는 프랑스 단어에서 왔다. 식재료와 술, 식재료와 식재료 간의 조화로움을 인간사에 빗대어 표현한 것이 재미있는 표현이다.

요리와 '마리아주'를 이룰 와인을 찾기 위해 고심하는 소믈리에처럼, 요리를 만드는 사람 또한 재료 간의 조화와 궁합에 대해 늘 고민하기 마련이다. 그리고 어떤 경우에는, 지역의 자연과 기후가 인간의 역사와 어우러져 요리 재료들 간의 만남을 주선하기도 한다. 이번에 소개할 요리인 노르망디 포크(Porc à la Normande; Pork Normandy)가 그렇다. 노르망디 포크는 돼지고기를 주재료로 사과와 사과주, 크림을 곁들여 만드는는 요리이다. 이 요리 속에는 노르망디 땅에서 언젠가 마주칠 운명이었던 요리 재료들의 이야기가 녹아들어 있다.

노르망디 포크의 첫 번째 재료, 돼지의 이야기는 다음과 같다. 노르망디 지역을 대표하는 '바유돼지(Bayeux pig)'는 19세기 중반 노르만돼지와 영국의 돼지 버크셔종이 교합하여 태어난 종이다. 2차 대전이 노르망디를 휩쓸기 전까지 이 바유돼지는 요람과도 같았던 바유 지역, 특히 베쌍이라는 해변 마을의 거의 모든 농장에서 키워지고 있었다. 그리고 이 해변 마을은 초여름의 어느 날 현대사에서 가장 중요한 군사작전의 작전지로 지명되고 만다. 노르망디 상륙 작전. 그것도 가장 처참했던 '오마하 해변의 전투'의 무대가 되어버린 것이다. 해변 마을을 정면으로 덮친 포화의 불길은 바유돼지의 생존 또한 위협했다. 그중 겨우 몇 마리가 살아남아 가늘게 명맥을 이어갔으나, 이어진 사람들의 무관심 속에 바유돼지는 영영 잊히는 듯했다. 1980년대 중반에 이르러서야 비로소 소수의 사람들이 살아남은 바유돼지를 찾아 나섰는데, 겨우 5 마리의 수돼지와 15 마리의 암돼지만이 발견되었다고 한다. 이에 뒤늦은 복구의 노력이 이어졌고, 오늘날 바유 돼지는 꿋꿋이 살아남아 노르망디의 식도락가에서 빠질 수 없는 명물이 되었다고 한다.

노르망디 포크의 두 번째 재료인 크림은 노르망디의 요리문화에서 빼놓을 수 없는 위치에 있다. 국내에도 잘 알려진 이즈니 버터나 카망베르 치즈가 노르망디 출신일 정도로, 노르망디 지역은 유제품에 관한 한 세계적인 입지를 지니고 있다. 버터와 치즈가 발달한 지역의 크림이 맛이 없을 수가 없을 터, 노르망디 지역의 크림은 일찍이 아름다운 상앗빛과 벨벳 같은 부드러움으로 유명세를 떨쳤다. 자연스레 노르망디의 사람들은 예로부터 크림을 사용한 요리를 발전시켰다. 크림과 달걀, 버터를 넣어 만드는 소스에 '노르망디 소스'라는 이름이 붙어져 있을 정도로, 노르망디 사람들은 크림을 이용한 요리를 즐겼다.

크림뿐 아니라 사과를 이용한 타르트 요리에도 '노르망디'라는 이름이 붙어있는

데(노르망디 타르트, Tarte Normande), 이는 노르망디 사람들의 사과 사랑이 대단하기 때문이다. 세 번째 재료인 사과는 예로부터 노르망디의 특산품이었다. 노르망디 사람들은 이 사과를 '시드르(cider)'라는 음료로 변신시켜 크림의 풍미가 녹진한 노르망디의 테이블에 상큼함을 더하기도 했다. 사과의 영향력이 지나치게 거대하기 때문일까. 와인으로 유명한 프랑스이지만 노르망디산의 와인을 찾기는 쉽지 않다. 노르망디 사람들은 포도로 만드는 와인 대신 사과를 숙성하여 만드는 '칼바도스(calvados)'를 즐기기 때문이다. 칼바도스는 사과를 이용해 만드는 브랜디의 일종이다.

노르망디 포크의 세 가지 재료를 소개했으니 이제 남은 것은 이 재료들을 한 그릇 안에 조합시킨 요리사의 기분을 상상해 보는 것이다. 돼지고기와 크림, 사과를 섞는다니, 한국인의 시선에서는 생소하기 이를 데 없는 조합이다. 하지만 노르망디 땅에서 나고 자란 사람이라면, 눈을 감으면 떠오를 만한 자연스러운 조합일지도 모른다. 드넓은 목초지와 사과가 잘 자라는 환경, 이를 사랑하는 사람들의 노력이 조화를 이루어 돼지고기와 크림, 사과는 한 요리 속에서 따뜻하고 녹진한 마리아쥬를 이루게 되었다.

노르망디 포크 조리법

메인 재료
- 돼지고기 800g(연한 안심이 가장 좋고 기름기가 적당히 섞인 목살도 좋다)
- 밀가루 6 tbsp
- 버터 4 tbsp
- 치킨스톡(고형 큐브 기준 1 개)
- 소금, 후추

소스 재료
- 양파 반 개
- 사과 1 개(사과의 양은 본인 취향껏 조절)
- 칼바도스 또는 시드르(애플 사이다) 30 ml
  (칼바도스는 구하기 어렵지만 애플 사이다는 시중에서 쉽게 구할 수 있다.
  대형마트에 가면 여러 국가에서 생산한 다양한 애플 사이다를 찾아볼 수 있다)
- 크림 150 ml
- 버터 6 tbsp

1. 양파를 잘게 썬다. 사과는 절반은 잘게 썰고 절반은 웨지 형태로 자른다.

2. 돼지고기는 적당한 크기로 잘라 소금 후추 간을 하고 양면에 밀가루를 바른다.

3. 팬을 달군 후 버터를 두르고 2의 돼지의 겉면을 익힌다.
60 % 정도 익되 겉면이 노릇해질 수 있도록 중강 세기의 불에서 잠깐 익힌다.

4. 3의 팬에 베이컨과 잘게 썬 양파를 넣고 양파가 부드러워질 때까지 볶는다.

5. 4의 팬에 시드르(또는 칼바도스)를 넣고 팬에 묻은 갈색 잔여물을 닦아
내듯이 시드르에 녹여낸다. 고형 치킨스톡을 시드르에 넣는다.

6. 5에 크림을 넣고 중불~약한 불로 끓여 걸쭉하게 만든다.

8. 6에 겉면을 익힌 돼지고기, 웨지모양으로 자른 사과를 넣고 돼돼지고기를 익한다. 될 때까지 익힌다. 쉽게 뻣뻣해지므로 살짝 덜 익었다 싶을 때 팬에서 덜어내면 식감이 적당하다.
소금, 후추 간을 본다.

오스트리아 • 독일
슈니첼
Horseradish
Prepared

집에서 요리로

오스트리아·독일을 여행하기에 앞서

독일과 오스트리아 및 스위스 일부 지역은 같은 언어를 공유하는 만큼 요리문화도 비슷하다. 그중 독일은 소시지로 유명하며, 양배추를 발효시킨 사워크라우트를 위시한 피클이 발달했다. '냄비 하나'를 뜻하는 탕 요리류인 아인토프(eintof)가 발달한 만큼, 서유럽 국가치고 따뜻한 국물 요리 선호도가 높은 편이다. 고기요리에 곁들여먹는 용도로 감자요리가 발달해서, 감자를 사용한 다양한 음식도 만날 수 있다. 밀가루 떡이라고 볼 수 있는 쫄깃한 덤플링 또한 독일 및 그 주변 지역에서 맛볼 수 있는 별미이다.

독일의 현대요리는 역사의 변곡점을 거치며 조금씩 변화했다. 서독의 경우, 1950년대 후반 이래로 이어진 외국인 노동자의 유입으로 이탈리아와 터키의 요리문화가 깊이 자리를 잡게 되었다. 동독의 경우에는, 전통요리가 비교적 잘 보존된 한편 러시아와 폴란드, 베트남 등 공산권 국가의 요리 또한 활발히 도입되기도 했다. 동독과 서독의 통일은 각 나라가 접하고 있던 다양한 요리 문화가 한데 융합하는 계기가 되었다.

오스트리아·독일요리를 위한 기본 재료

1. 머스터드(겨자): 지방에 따라 다양한 머스터드가 존재하며, 특히 소시지 요리와 잘 어울린다.

2. 홀스래디쉬: 양고추냉이. 특유의 알싸한 맛이 고기요리와 잘 어울린다.

3. 파슬리, 타임, 월계수잎, 캐러웨이: 독일 지방 요리에 자주 등장하는 허브이다.

4. 맥주: 맥주의 나라인 독일인만큼, 맥주를 사용한 요리도 발달해있다. 맥주를 넣어 만드는 수프가 인기가 많다.

5. 감자: 어떤 요리든 빵이나 감자를 꼭 곁들이는 경우가 많다.

6. 사워크라우트: 양배추를 염장하여 발효시킨 것이다. 한국의 김치와 종종 비교되곤 한다. 신맛이 있어 소시지나 고기요리에 잘 어울린다.

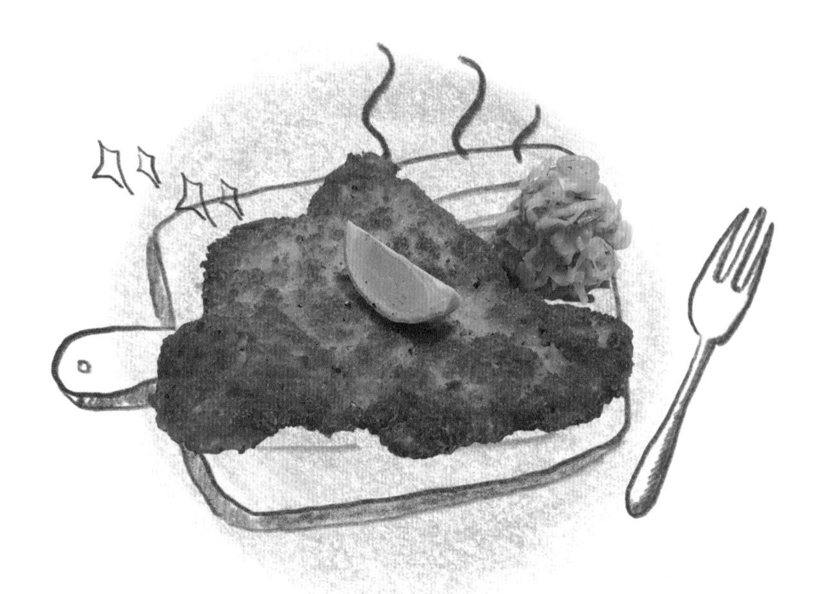

슈니첼: 튀긴 건 맛있다

튀기면 모두 맛있다는 말이 있다. 프라이드치킨과 야채튀김의 바삭함과 고소함은 삶은 닭고기와 채소에 비할 바가 없으니, 그 식감과 풍미를 즐기는 사람들 사이에서는 진리처럼 받아들여지고 있는 말이다. 돈가스의 오랜 팬이었던 만큼, 잔뜩 긴장을 하고 떠난 첫 번째 유럽 여행에서 내가 가장 기대한 요리는 단연 오스트리아의 슈니첼이었다. 유럽 땅에서 먹는 돈가스의 원조격 요리라니. 오스트리아로 향하는 기차 안에서, 나는 한껏 겉면이 바삭하게 익은 슈니첼을 포크와 나이프로 거침없이 써는 장면을 상상했다.

그러나 너무 많은 기대는 위험하다 했던가, 가이드북을 살펴 고른 한 식당에서 나는 몇 가지 난관에 다다르게 되었다. 첫 번째 난관은 우리가 고른 식당의 요리 가격이 가이드북에 적힌 것보다 1.5배는 높았다는 점이었다. 여행의 후반부에 이르러 예산의 대부분을 사용한 주머니 사정상, 물 한 병 추가 주문하는 것도 부담스러울 정도였다.

두 번째 난관은 서버가 친절해 보이지 않았다는 점이다. 부담스러운 가격 때문에 두 명이서 슈니첼 일 인분과 사이드인 감자 샐러드 하나를 시키자, 무뚝뚝한 얼굴의 서버가 미간을 좁히며 "그게 전부입니까?"를 두 번이나 물었던 것이다. "둘이서 메인 메뉴를 하나만 시켜서 기분이 나쁜가 봐" 돌아서는 웨이터를 바라보며 속삭인 내 말에 친구도 짐짓 고개를 끄덕였다.

세 번째 난관은 바로 슈니첼 그 자체였다. 분명 소스 없이 쿨하게 서걱서걱 잘라 먹는 요리라는 점은 익히 알고 있었는데, 텁텁하게 씹히는 고기 사이로 새콤달콤한 소스의 공백이 너무나도 크게 느껴졌던 것이다. 친구와 나는 침이 메말라 잘 씹히지도 않는 슈니첼을 물과 함께 씹어 삼키며 울상을 지었다.

그런 우리의 곁으로 아까의 그 무뚝뚝한 종업원이 다가왔다. 그의 독일식 영어를 우리가 한 번에 알아듣지 못하자, 그는 슈니첼 위에 올려진 레몬 조각을 가리키며 손으로 짜는 시늉을 했다. 내가 조각을 집어 들고 슈니첼 위에 있는 힘껏 짜내자, 그는 환하게 웃으며 "예스"라고 했다. 이어서 그는 우리를 구원할 한 마디를 덧붙였다. "유 니드 비어" 그 순간 나는 그가 미간을 한참 찌푸리며 우리에게 하려던 말이 무엇이었는지를 깨달았다. 우리는 예산 걱정은 잠시 뒤로 미루고 맥주 두 잔을 시켰다. 종업원의 조언대로, 레몬즙을 잔뜩 뿌린 슈니첼을 입에 넣자 신맛에 절로 침이 솟아나 고기가 부드럽게 씹혔고, 이를 맥주와 함께 넘기자 그 산뜻함에 다음 조각을 신나게 입에 넣게 되었다. 식식사를 마치고, 우리는 비어가는 지갑을 뒤져 테이블 위에 팁 약 3유로를 남겼다. 고마움의 뜻이었다. 동전을 본 종업원은 우리를 향해 활짝 웃으며 즐거운 여행을 하라는 덕담을 했다.

이때만 해도 내가 돈가스의 원조라 여겼던 슈니첼은 사실 돈가스의 원조가 아니라고 한다. 메이지유신 시기 일본의 서양식 요리는 주로 영국 요리의 영향을 받았는데, 이때 전해진 영국식 커틀릿(cutlet)이 일본식 돈가스의 직접적인 조상이기 때문이다. 영국의 커틀릿 또한 이탈리아요리 코톨레타(cotoletta)의 영향을 받아 만들어졌으니 진정한 원조는 이탈리아라고 할 수도 있겠다.

내가 먹은 슈니첼이 돼지고기였는지 소고기였는지는 잘 기억이 나지 않지만, 오리지널인 비너 슈니첼(Wiener Schnitzel)은 송아지 고기를 사용하는 것이 정석이라고 한다. 돼지고기를 사용한 것은 비엔나 스타일 슈니첼(Schnitzel Wiener Art)이라고 불리는데, 아무래도 돼지고기 값이 더 싸기 때문에 송아지로 만든 비너 슈니첼의 반값 정도라고 한다. 자금이 넉넉지 않던 그때를 다시 되돌이켜 보면, 내가 골랐던 것은 아무래도 저렴한 돼지고기 슈니첼이 아니었을까 한다.

다음에 또 오스트리아를 방문할 기회가 생긴다면, 아무리 크고 비싸더라도 송아지고기로 만든 비너 슈니첼을 당당하게 일 인당 하나씩 시키고 싶다. 노련하게 맥주를 주문하고, 레몬을 넉넉히 추가해 달라고 부탁할 것이다. 독일식 슈니첼 중에서는 오스트리아의 것과 달리 버섯이나 토마토로 만든 녹진한 소스를 올린 종류도 있다고 한다. 심플한 오스트리아식 슈니첼을 양껏 즐긴 다음에는 국경선을 넘어 독일로도 슈니첼 탐방을 떠날 것이다.

 2인분

슈니첼 조리법

✔ 구하기 힘든 송아지고기 대신 돼지고기를 사용해서 비엔나 스타일 슈니첼을 만들어 보았다. 일 인분당 약 200g 정도의 고기를 버터플라이컷(반으로 갈라 넓게 편 것)으로 잘라 납작하게 두들겨서 고기를 준비한다.

✔ 전통적인 슈니첼은 풍미를 위해 라드와 정제버터를 이용해 튀긴다. 저렴한 가격과 마일드한 맛을 위해 카놀라유 등의 오일을 사용하기도 한다.

재료

- 돼지 안심 400-500g
- 달걀 3개
- 밀가루 약간
- 빵가루 약간
- 소금과 후추 약간
- 레몬 한 개

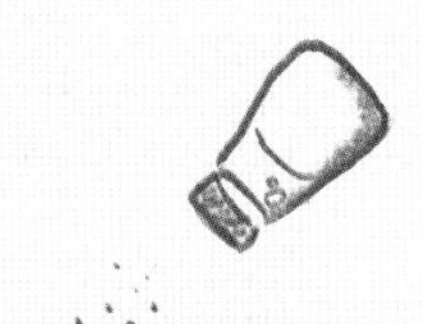

조리 과정

1. 돼지 안심은 적당한 크기로 썬 후에 세로로 길게 칼집을 내어 넓게 편다.
2. 고기 아래위로 랩이나 비닐봉지를 덮은 후, 고기망치나 막대로 쳐서 3-4mm 두께로 납작하게 만든다.
3. 소금과 후추로 간 한 고기에 밀가루 옷을 입힌다.
4. 달걀을 풀어 흰자와 노른자를 잘 섞은 후 달걀 옷을 골고루 입힌다.
5. 빵가루 옷을 입힌다.
6. 팬에 슈니첼이 잠길 정도의 깊이로 기름을 넣고 예열한다. 빵가루를 넣었을 때 튀겨지며 떠오르는 온도가 되면 슈니첼을 넣고 노릇노릇하게 앞뒷면을 고루 익힌다.
7. 레몬을 올려 완성한다. 감자 샐러드나 라즈베리 잼을 곁들이기도 한다.

헝가리

굴라시

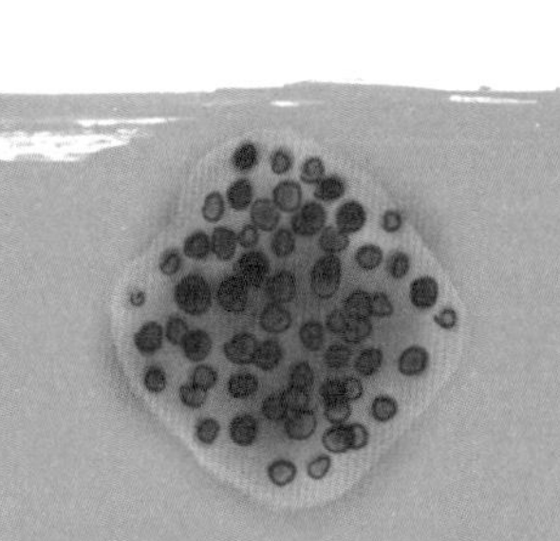

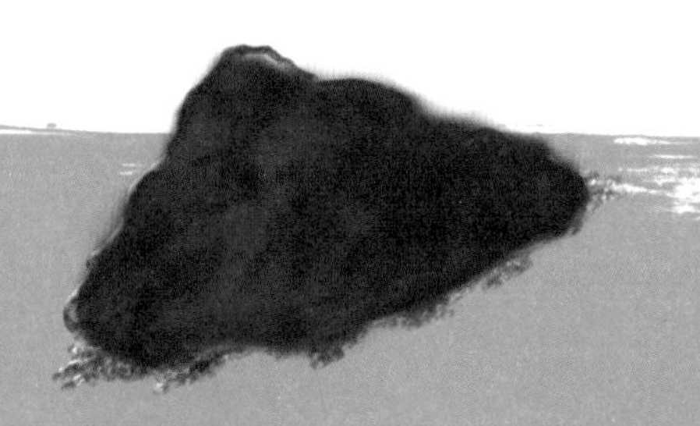

집에서 요리로

헝가리를 여행하기에 앞서

헝가리요리는 헝가리의 주요 민족인 마자르족의 이름을 따서 마자르 요리라고도 불린다. 마자르족은 가축을 주요 식량원으로 쓰던 유목 생활을 오랜 기간 유지한 민족이다. 이러한 뿌리를 바탕으로 현대의 헝가리의요리 또한 전통적인 육류 위주의 식생활을 반영하고 있다. 또한 헝가리요리는 동유럽과 중부유럽 요리의 특징을 고루 갖추고 있는데, 이는 오스트리아와 슬로바키아, 크로아티아, 루마니아, 우크라이나로 둘러싸인 내륙 국가로서의 입지 때문이다. 국경선의 변화가 잦았던 지역이기에 인접국의 요리와 비슷한 요리를 공유하는 경우가 많다.

헝가리의 요리에는 육류와 유제품(사워크림, 코티지 치즈, 요구르트 등)이 많이 등장하며, 감자와 양파, 마늘, 토마토, 양배추도 자주 활용된다. 이와 같은 재료를 사용한 수프와 스튜 요리가 발달한 것이 특징이다. 이러한 메인 요리에 감자나 쌀, 빵 또는 파스타를 곁들이는 차림새가 일상적이다. 특히 스위트 파프리카 파우더가 들어간 수프나 스튜 요리가 많으며, 굴라시와 파프리카시(paprikash)가 그 대표적인 예이다.

헝가리요리를 위한 기본 재료

1. 파프리카 파우더: '헝가리' 하면 빼놓을 수 없는 식재료이다. 한 가지 종류만 있는 게 아니라 '특별함, 순함, 달콤함, 약간 달콤함, 장미, 매움'의 7종의 파프리카 파우더 분류법이 있을 정도이다.

2. 사워 크림: 완성된 수프에 한 숟갈 사워크림을 올리는 경우가 많다. 항시 사워크림을 준비하기 어렵다면 무가당 그릭 요구르트로 엇비슷한 효과를 얻을 수 있다.

3. 캐러웨이 씨앗: 아니스와 비슷한 시원하고 달콤한 향을 지니고 있으며 수프나 스튜 요리에 자주 사용된다.

4. 피클드 캐비지: 독일의 사워크라우트와 비슷한 염장발효 양배추이다. 메인 요리에 곁들여 먹는 경우가 많다. 헝가리인들은 양배추 외에도 다양한 채소를 주기적으로 염장 발효하여 섭취한다.

5. 양귀비 씨앗: 마치 우리나라 디저트에 검정깨가 많이 사용되듯, 헝가리의 빵과 페이스트리에는 양귀비 씨앗이 재료로 등장하는 경우가 많다.

굴라시: 어딘가 익숙한 목동의 요리

'한국' 하면 김치, '일본' 하면 초밥을 꼽듯이 '헝가리' 하면 가장 많이 언급되는 요리는 굴라시이다. 굴라시의 역사는 9세기까지 거슬러 올라가며, 그 시작에는 소박한 목동들이 있었다. 굴라시라는 요리명에서부터 이들의 존재가 확연하게 드러난다. 굴라시는 헝가리어로 구야시(gulyas)라고 읽히는데, 헝가리어로 '구야(gulya)'는 '소떼'를, '구야시(gulyas)'는 '목동'을 의미한다. 최초의 굴라시를 상상해보는 것은 그리 어렵지 않다. 사고나 노화로 갑자기 죽은 가축을 그 자리에서 처치하기에는 아무래도 뭉근하게 끓여내는 요리가 제격이기 때문이다. 맹수들이 피 냄새를 맡고 몰려오기 전에 동물의 사체를 최대한 빨리 처리해야 하는 반면, 갓 잡은 고기는 그냥 구워 먹기에는 너무나도 질겼을 것이다. 이러한 상황 속에서 탄생한 굴라시는 즉석 캠핑 요리의 개념이어서, 고기와 목동들이 품고 다니던 말린 허브, 소금 따위로 만들어 단순한 맛을 냈다고 알려져 있다. 이를 증빙하듯, 현재까지도 모닥불 위에 큰 솥을 걸어 과거의 방식대로 끓이는 굴라시를 제대로 된 굴라시로 인정하는 헝가리인이 많다고 한다.

그러나 이와 같이 단조로운 캠핑요리에 머물렀다면 굴라시는 지금과 같은 독보적인 인지도를 얻지 못했을 공산이 크다. 여타의 스튜요리와 헝가리의 굴라시를 구별하는 포인트는 바로 먹음직스러운 붉은빛과 향을 더하는 파프리카이다. 헝가리인들이 파프리카라고 부르는 채소는 피망을 닮은 한국의 파프리카와는 다른 것으로, 붉은색의 길쭉한 고추를 지칭한다. 파프리카라는 이름이 '고추'를 뜻하는 슬라브 계통의 단어, '파팔(papar)'에서 왔다는 점을 생각하면 그리 이상한 일은 아니다. 모양뿐 아니라 활용의 측면에서도 헝가리의 파프리카는 한국의 붉은 고추와 닮았다. 건조 후 가루를 낸 것으로 여러 요리를 붉게 물들이는 것, 햇빛과 바람이 잘 드는 처마 아래 고추를 실에 꿰어 주렁주렁 매달아 둔 농촌 풍경이 딱 그렇다. 이러한 공통점이 있어서인지, 많은 한국인들이 굴라시의 맛에 쉽게 적응하는 경향을 보인다. 굴라시를 맛보고 고춧가루를 볶아 국물을 내는 육개장을 떠올리는 경우가 많은데, 이는 굴라시 속의 부드러운 소고기와 파프리카 파우더가 내뿜는 풍미 덕이 아닐까 한다.

먼 이국에서 온 재료가 원산지가 아닌 곳에서 요리문화의 중심재료가 되었다는 점 또한 한국의 고추와 헝가리의 파프리카가 갖는 공통점이다. 고추가 아메리카에서 유럽과 터키를 거쳐 헝가리에 닿은 것은 15세기경이었다. 외래 작물에 대한 경계심 때문에, 18세기에 이르러서야 파프리카를 말리고 가루 내어 요리에 사용하는 방법이 널리 알려지게 되었다고 한다. 그 이후의 변화는 획기적이었다. 16세기 말에 한국에 전래된 고추가 현대의 한국 요리에 필수적인 재료로 자리 잡았듯, 헝가리의 파프리카 또한 헝가리요리를 대표하는 재료가 되었기 때문이다. 이 파프리카의 풍미와 더불어 굴라시는 세계로 퍼져나갔고, 헝가리뿐 아니라 오스트리아, 체코, 크로아티아, 폴란드 등 동유럽의 많은 국가에서 깊은 사랑을 받는 요리로 자리 잡게 되었다.

굴라시 조리법

재료

- 소고기 약 1 kg(주로 목심이나 사태처럼 근육이 잘 발달한 부위),
  인절미보다 조금 큰 크기로 잘라서 소금 후추로 간을 해 둔다.
- 포도씨유, 카놀라유 등의 식물성 기름 2 tbsp
- 양파 2개, 한 입 크기로 자른다.
- 올리브유 2 tbsp
- 캐러웨이 시드 분말 2 tsp (펜넬 시드나 딜 시드 등으로 대체 가능)
- 파프리카 파우더 2 tbsp
- (선택) 카옌페퍼 1/2 tsp
- 후추 1 tsp
- 건조 타임 잎 1/2 tsp
- 고형 치킨 스톡 하나와 물 4 컵 또는 액상 치킨 스톡 4 컵
- 토마토 페이스트 1/4 컵 또는 토마토 캔 1/2 컵
- 마늘 네 톨 다진 것
- 월계수 잎 한 장
- 설탕 1 tsp
- 발사믹 식초 2 tbsp
- (장식) 사워크림 또는 플레인 요구르트
- (곁들이기) 파스타 또는 밥, 빵

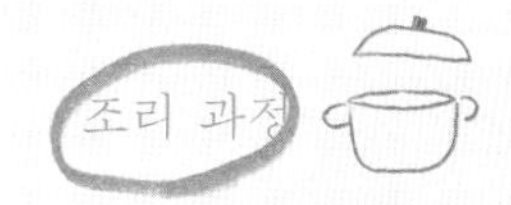

1. 뜨거운 팬에 식물성 기름(포도씨유, 카놀라유 등)을 두르고 소금 후추 간을 한 소고기를 올려 겉에 갈색빛이 돌 만큼 익힌다.
2. 팬을 씻어내지 말고 그대로 사용하여 양파에 갈색빛이 날 때까지 볶는다.
3. 팬에서 양파를 덜어내고 파프리카, 카옌페퍼, 캐러웨이 시드(또는 딜시드) 후추, 타임을 올려 2-3분 간 살짝 볶는다. 열과 지방을 사용하여 향신료의 향을 일깨우는 과정이다.
4. 동일한 팬에 치킨스톡(고형인 경우 물과 함께)을 넣고 나무주걱으로 고루 저어 바닥에 눌은 재료가 스톡에 우러나게 한다.
5. 냄비에 고기, 양파, 각종 향신료가 우러난 스톡, 토마토, 다진 마늘, 월계수, 발사믹 식초를 담는다.
6. 물이 졸아들고 고기가 부드러워질 때까지 1시간 반-2시간 반 정도 익힌다. 바닥이 타지 않도록 살피며 필요시 물을 더한다.
7. 곁들일 파스타나 밥, 빵을 준비한다.
8. 사워크림(또는 플레인요구르트)과 딜 등의 생허브를 올려 마무리한다.

러시아

보르쉬

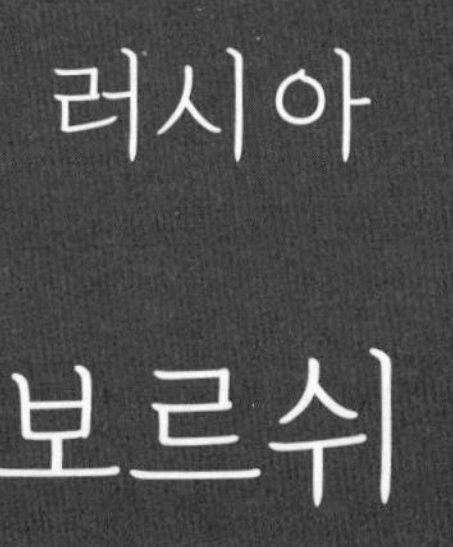

집에서 요리로

러시아를 여행하기에 앞서

전통적인 러시아요리에는 러시아의 척박한 기후에도 생장과 보관이 용이한 재료들을 활용한 소박한 요리들이 자주 등장한다. 빵을 주식으로 감자, 당근, 양배추, 양파, 오이, 토마토와 같은 채소를 함께 요리하며, 이러한 채소를 피클로 담가 먹는 풍습 또한 널리 퍼져있다. 긴 겨울을 버티기 위해 수프 요리가 발달했으며, 많은 요리에 사워크림(스메타나) 또는 마요네즈를 곁들여 열량을 보충하는 경향이 있다. 라즈베리나 체리, 버섯, 꿀 등 숲에서 채집할 수 있는 재료가 애용되기도 한다. 허브로는 딜(dill)이 자주 사용된다. 한편, 16-18세기에는 이러한 전통 요리에 토대를 두고 서유럽(특히 프랑스)의 요리문화를 적극적으로 수용하여 귀족적인 요리문화가 발달하기도 했다.

러시아요리는 소비에트 연방의 탄생으로 그 범위가 크게 확장되었다. 우크라이나와 우즈베키스탄, 조지아, 타지키스탄, 카자흐스탄 등 다양한 지역의 요리가 '소비에트 요리'로 편입되었기 때문이다. 정부가 운영하던 매점(스톨로야바)은 이러한 요리들을 일상으로 전파하는 데 핵심적인 역할을 수행했다.

러시아요리를 위한 기본 재료

1. 사워크림: 완성된 수프에 한 숟갈 사워크림을 올리는 경우가 많다. 그 외에도 거의 모든 요리에 사워크림을 한 스푼 이상 곁들여 먹는다. 항시 사워크림을 준비하기 어렵다면 무가당 그릭요구르트로 엇비슷한 효과를 얻을 수 있다.

2. 마요네즈: 샐러드드레싱이나 곁들여먹는 소스 등 다양한 용도로 사용된다.

3. 각종 베리 잼과 소스: 숲에서 쉽게 구할 수 있는 라즈베리 등의 각종 베리와 체리로 만든 소스가 메인 요리와 디저트를 막론하고 다양하게 사용된다.

4. 오이 피클, 양배추 피클: 러시아인들은 추운 겨울을 위해 다양한 채소를 피클로 담가 오랫동안 두고 먹었다. 그중 오이 피클과 양배추 피클이 가장 자주 등장한다. 피클 채소로 만든 수프 요리 또한 즐겨 찾는 요리이다.

5. 딜: 추운 날씨에도 잘 자라는 허브인 딜은 완성된 요리에 한껏 올려져 요리의 향을 북돋는다.

보르쉬: 총천연색의 매력

보르쉬를 처음 본 사람은 핫핑크에 가까운 강렬한 붉은색에 압도되곤 한다. 매운 국물 요리에 익숙한 한국인 입장에서는 이것이 혹시 매운 요리인가 하는 궁금증을 느끼기 쉽다. 이러한 겉보기와 달리 보르쉬는 전혀 맵지 않다. 고추는 들어가지 않거나 아주 적게 들어가며, 붉은빛을 내는 주범은 한국인에게 피클 재료로 익숙한 비트이다.

강렬한 붉은색에 어느 정도 익숙해진다고 해도, 보르쉬에는 한국인을 두 번 정도 더 놀라게 할 수 있는 잠재력이 있다. 첫 번째 놀람 포인트는 신맛이다. 보르쉬는 시게 먹는 수프로, 많은 이들이 식초를 첨가해 신맛을 낸다. 두 번째 포인트는 바로 사워크림(스메타나)이다. 제대로 된 보르쉬에는 사워크림이 한 숟가락 곁들여지게 된다. 이를 보르쉬 국물에 휘휘 저어 풀면, 보르쉬는 믿을 수 없을 정도로 눈이 부신 핑크빛으로 변하게 된다. 정녕 음식이 맞는가 싶을 정도로 비현실적인 빛깔이다. 하지만 사워크림이 풀어진 국물은 이전에 비해 한층 더 고소해져서 자꾸만 스푼을 놓지 못하게 하는 매력이 있다.

한국인의 입장에서는 생소하기 그지없는 요소가 많은 요리이지만, 보르쉬는 러시아와 우크라이나, 나아가 동유럽을 한데 묶는 중요한 요리이다. 여러 나라에 걸쳐 퍼져 있는 만큼 지역적 변형 또한 다양하게 존재한다. 소고기 육수와 양파, 당근 등의 채소를 볶은 것, 양배추, 토마토 감자와 비트가 자주 등장하는 재료이지만, 레시피에 따라 일부가 추가되기도 하고 빠지기도 한다. 비트를 사용하는 데 있어서도 차이가 있다. 정통적인 레시피에서는 비트를 물에 담가 3-5일 발효시킨 신 액체를 사용한다. 하지만 점차 효율성이 중시되면서 이를 생략하고 비트 그 자체만을 사용하는 경우가 많아졌다. 식사 전 보르쉬에 식초를 넣어 신맛을 내는 것은 발효된 비트주스를 대체하기 위한 관습이다. 심지어 비트를 사용하지 않는 보르쉬도 많아서, 맑은 국물의 보르쉬, 잎채소를 넣은 초록 보르쉬, 동물의 피를 넣은 갈색 보르쉬 등 다양한 색의 보르쉬가 각 지역에 존재한다.

보르쉬를 중요하게 여기는 대표적인 나라로 우크라이나와 러시아가 있다. 우크라이나는 보르쉬의 대표격인 비트를 넣은 붉은 보르쉬의 발생지로 여겨진다. 16세기에 동유럽에 붉은 뿌리를 가진 비트품종이 퍼진 이후, 17-18세기경에 이를 사용한 보르쉬가 우크라이나 지역에서 만들어졌을 것으로 추측된다. 우크라이나인들의 보르쉬에 대한 자부심은 "보르쉬와 죽(粥, porridge)은 우리의 음식이다"라는 그들의 속담에서도 잘 드러난다.

러시아에서 보르쉬의 입지가 높아진 시기는 우크라이나의 경우보다 뒤의 일이다. 러시아인들에게는 일찍부터 보르쉬와 유사한 양배추 수프인 '쉬(shchi)'가 있었다. 보르쉬가 쉬만큼 러시아인들 사이에 널리 퍼지게 된 것은 소비에트 정부가 연방에 속한 지역의 다양한 지역요리를 '소비에트 요리'로 편입시키고, 이를 전파하려 노력했던 것에 기인한다. 정부가 운영하는 매점(스톨로야바)에서는 메인 요리와 더불어 수프 또한 항상 제공되었으며, 이때 자주 등장한 수프가 바로 우크라이나식으로 비트를 넣은 자줏빛 보르쉬였다고 한다. 따라서 소련 내 보르쉬의 위상은 나날이 높아지게 되었다. 1961년에는 통신장비 테스트의 일환으로 우주선에서 미리 녹음된 보르쉬 레시피를 방송한 바가 있으며, 우주음식으로도 일찍부터 개발되기도 했다.

보르쉬가 사랑받는 의외의 지역이 하나 더 있으니, 그곳은 바로 홍콩이다. 여기에는 정치적인 배경이 있다. 러시아 혁명을 피해 고향을 떠난 러시아인들이 상해에 정착했고, 다시 중국 내전을 피해 홍콩으로 이주했던 것이다. 이들은 자신이 고향에서 먹던 요리를 재현하고자 했으나 곧 재료 수급의 벽에 부딪힐 수밖에 없었다. 이러한 어려움 속에서 러시아 이민자들은 구하기 힘든 비트 대신 토마토를 사용하여 색을 내고 사워크림을 생략한 수프에 보르쉬라는 이름을 붙여 판매하게 되었다. 서양 요리를 격없이 받아들이던 홍콩 사람들에 의해 보르쉬는 인기 있는 차찬텡 메뉴로 자리 잡게 되었고, 현재는 보르쉬라는 이름 대신 '러시아 탕'이라는 이름으로 더 널리 알려져 있다.

우크라이나인들의 사랑을 받던 보르쉬가 러시아와 홍콩에 퍼지게 된 일에 러시아 혁명이 그 촉매가 되었다는 사실이 흥미롭다. 그 촉매는 같지만 방향성은 정반대라는 점이 아이러니하다. 소련에서는 연방국들의 문화를 흡수하는 과정에서, 홍콩에서는 소련에서 탈출한 사람들의 손에서 보르쉬가 대중에 널리 퍼지게 되었기 때문이다. 이처럼 복잡한 역사를 지나, 보르쉬는 동유럽과 동아시아의 일부를 관통하는 세계적인 요리로 자리 잡게 되었다.

3-4인분

보르쉬 조리법

재료

- 샐러리 3 대
- 당근 1 개
- 양파 2 개
- 비트 1 개
- 토마토 2 개
- 마늘 5 톨
- 양배추 1/4 통
- 소고기 300-400g
- (선택)케첩 1 tbsp
- 소금, 후추
- (선택)식초 약간
- 사워크림 또는 무설탕 그릭요구르트

1. 샐러리, 당근, 양파, 마늘은 모두 잘게 썰고 토마토는 강판에 간다.
   비트는 채를 썰거나 강판에 갈아서 준비한다. 양배추는 채를 썬다.

2. 물을 넉넉히(1-1.5L) 담은 냄비에 소고기와 약간의 양파, 당근, 샐러리, 마늘을 넣고 고기가 부드럽게 찢어질 때까지 끓인다. 압력밥솥을 사용해도 좋다(만능찜 30-40분). 다 익은 고기는 꺼내어 잘게 찢고 육수는 체로 걸러둔다. 양파 등의 채소는 버린다.

3. 기름을 두른 팬에 양파를 볶는다. 양파가 투명해지면 마늘을 넣고 볶는다.

4. 당근과 샐러리를 더해 볶는다. 팬에서 꺼낸다.

5. 비트를 부드러워질 때까지 팬에 볶는다.

6. 강판에 간 토마토를 5번 팬에 넣고 넣고 토마토가 부드럽게 익을 때까지 볶는다.

7. 체에 거른 육수를 냄비에 넣고 잘게 찢은 소고기를 넣어 살짝 끓인다(육수의 양은 기호에 맞게 조절).

8. 4의 볶은 야채를 냄비에 넣는다.

9. 6의 비트와 토마토 볶음을 넣고 3분간 끓인다. 케첩, 소금, 후추, 식초로 간을 본다.

10. 채 썬 양배추를 넣고 양배추가 부드러워질 때까지 끓인다.

11. 사워크림 또는 그릭 요구르트를 올려 완성한다.

조지아

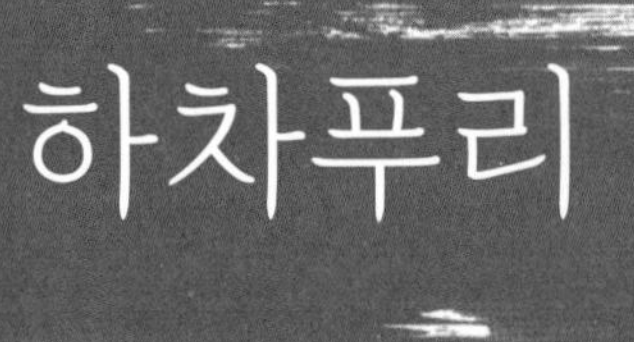

하차푸리

집에서 요리로

조지아를 여행하기에 앞서

조지아의 요리는 소비에트라는 장벽에 가로막혀 오랜 세월 동안 동구권 밖으로 알려지지 못했다. 조지아를 찾는 서방 여행객이 많아진 최근에 와서는 조지아요리에 대한 인지도와 수요가 높아지고 있다.

조지아는 동으로는 카스피해, 서로는 흑해를 접하며 남으로는 터키와 이란, 북으로는 러시아와 접하고 있다. 조지아의 요리는 페르시아와 터키, 그리고 러시아요리의 영향을 받으면서도 고유의 정체성을 보존하는 방식으로 발전했다. 페르시아로부터는 석류와 호두를 사용하는 요리법을 받아들였고, 터키로부터는 요구르트와 케밥, 돌마가 소개되었다.

조지아를 대표하는 요리로는 치즈를 넣은 빵인 하차푸리(khachapuri)와 큼지막한 만두인 힌깔리(khinkali)가가 있다. 호두를 사용하는 요리가 발달해서 호두로 만든 소스가 애용된다. 다진 채소와 호두 소스를 섞어 둥글게 뭉치는 프칼리(Pkhali)와 호두 페이스트를 채운 가지 요리인 바드리자니(Badrijani)는 호두가 활용되는 대표적인 요리이다. 와인의 발상지로 여겨지는 만큼 품질 좋은 와인이 많다고 한다.

조지아요리를 위한 기본 재료

1. 바질, 고수, 딜, 펜넬, 민트, 파슬리와 같은 신선한 허브.

2. 월계수 잎, 카다멈, 계피, 호로파 등의 건조 향신료.

3. 호두: 조지아인들은 요리에 호두를 적극적으로 사용한다.

4. 아지카: 삶은 고추를 마늘과 허브, 향신료, 호두와 함께 빻아서 만드는 칠리 페이스트이다.

하차푸리: 거부할 수 없는 인기

최근 영미권에서는 '치즈 보트'라는 요리가 소셜미디어상에서 큰 관심을 얻고 있다. 럭비공 모양의 치즈피자처럼 생긴 이 요리에는 특이하게도 반숙 달걀과 버터 한두 조각이 올라가있다. '치즈 보트'를 먹는 장면을 다룬 동영상을 보면 절로 침이 고이기 마련이다. 통통한 빵조각을 조금 뜯어서 달걀과 버터, 치즈를 휘저어 만든 웅덩이에 찍어 먹는 모습은 보고만 있기 힘들 정도로 매혹적이다.

'치즈 보트'의 인지도가 높아지면서 조지아(Georgia)의 요리 또한 이전에 비해 조금이나마 주목을 받게 되었다. 그간 조지아요리가 서방세계에 잘 알려지지 않았던 것은 조지아가 오랫동안 소비에트라는 장벽에 가로막혀 있었던 탓이 크다. 조지아는 일찍이 19세기에 제정러시아의 일부로 합병되었으며, 1921년에는 소비에트 연방에 다시 합병되었다. 대대적인 시위와 저항 끝에 1991년에서야 소련으로부터 독립을 선언

할 수 있었지만, 내전과 경제난으로 어려운 시기가 이어졌다. 이러한 혼란 탓에 서방 세계에 조지아의 관광지와 요리를 홍보할 기회는 충분히 주어지지 못했다.

서구권에서의 낮은 인지도와는 정반대로, 조지아의 요리는 일찍부터 러시아인들 사이에서 큰 인기를 구가하고 있었다. 러시아를 대표하는 19세기의 시인 알렉산더 푸쉬킨은 조지아요리의 열렬한 팬이었다. 그는 "모든 조지아요리는 하나하나가 다 시(poem)이다"는 평으로 조지아의 요리를 극찬했고, 오랫동안 조지아에 머물며 창작활동을 했다. 30년간 소련을 통치한 이오시프 스탈린이 조지아 출신이었던 것 또한 러시아 내 조지아요리의 인지도 향상에 간접적인 영향을 미쳤다. 소련에 속한 기간 동안 관광지로서의 조지아의 입지는 높아졌고, 조지아요리 또한 소련인의 삶으로 파고들었다. 어느 반(反)조지아 성향의 러시아 공산당원이 "그동안 우리는 모스크바를 킨칼리(조지아의 전통 만두 요리) 레스토랑으로 가득 채웠다"라고 불만을 표할 정도로, 현재에도 많은 조지아 식당이 러시아 땅에서 성업 중이다.

일반 러시아인들의 조지아요리 사랑과는 별개로, 조지아의 독립 이후 이래 러시아와 조지아 정부는 계속해서 불편한 관계를 이어갔다. 급기야 2008년에는 남오세티야의 독립을 둘러싸고 두 나라의 군대가 충돌할 정도로 갈등의 골이 깊어졌다. 이에 대한 대응의 일부로 러시아 정부는 자국 내 조지아요리의 인기에 대해 부정적인 시각을 드러내기 시작했다. 조지아의 주요 수출품인 와인과 미네랄워터의 수입이 금지된 일이 대표적이다. 나아가 러시아공산당은 러시아 소비자보호기관에 러시아 전역의 레스토랑에 걸린 하차푸리(Khachapuri)라는 요리명을 러시아식 도넛의 일종인 피쉬카(pyshka)로 바꾸도록 하는 신청서를 제출했다. 킨칼리는 러시아식 만두 요리인 펠메니(pelmeni)와 다를 바가 없으므로 이를 러시아식 이름인 펠메니으로 대체해야 한다는 주장도 있었다.

조지아요리에 대한 러시아 정부의 '박해'가 어느 정도 효과가 있을지는 장담할 수 없다. 인터넷의 여론을 살펴보다 보면, '그래도 러시아인들은 조지아요리를 사랑한다' 내지는 '러시아와 조지아와의 관계는 조지아요리의 맛에 영향을 끼치지 않는다'는 의견을 종종 만날 수 있었다. 하차푸리를 직접 요리함으로써 조지아요리를 처음으로 접한 나 또한 러시아 정부의 부정적 캠페인이 가질 효과에 대해 회의를 느낄 수밖에 없었다. 오븐에서 갓 나온 하차푸리는 정말이지 단 한 마디 불평을 표할 수 없을 정도로 완벽하게 맛있었기 때문이다. 소셜 미디어에서 눈으로 보고 기대한 것을 훌쩍 뛰어넘는 맛이었다.

2-3인분

하차푸리 조리법

✔ 조지아 밖으로 가장 잘 알려진 하차푸리는 럭비공 모양의 도우 안에 치즈와 달걀, 버터를 올린 모양을 하고 있다. 하지만 조지아 내에서는 지역별로 둥근 모양, 칼조네처럼 반으로 접은 모양 등 다양한 모양의 하차푸리가 존재한다.
✔ 하차푸리에는 전통 조지아식 치즈가 들어가지만, 한국에서는 구하기 어려우므로 모차렐라와 페타치즈 등 다양한 치즈의 혼합으로 대체한다.

반죽 재료
- 드라이 이스트 2 tsp
- 설탕 2 tsp
- 따뜻한 우유 반 컵(체온보다 약간 더 따뜻한 수준)
- 따뜻한 물 1/3 컵
- 밀가루 2 컵
- 올리브유 2 tsp
- 소금 1 tsp

토핑 재료
- 모차렐라 치즈 200g
- 페타치즈 200g(미리 부수어 둔다)
- 달걀 2개
- 버터 1 tbsp(4 조각으로 잘라둔다)

1. 물과 우유, 설탕, 이스트를 섞고 3분 동안 기다린다. 밀가루, 올리브유, 소금을 넣고 반죽한다.
2. 반죽이 달라붙지 않도록 밀가루를 뿌린 후 반죽이 동그란 형태가 되도록 3-5분간 반죽한다.
3. 반죽을 오일을 바른 볼에 넣고 뚜껑을 덮어 두 배로 부풀 때까지 기다린다. (약 한 시간)
4. 반죽을 두 조각으로 나눈다. 나눈 조각을 각각 종이 포일 위에 올려 타원형으로 납작하게 민다.
5. 도우의 긴 면을 따라 양쪽에 모차렐라 치즈와 페타 치즈 섞은 것을 길게 늘어놓는다.
6. 도우를 굴리듯 말아 치즈 크러스트를 만들고 끝단을 붙여 배 모양으로 성형한다.
7. 성형한 도우를 오븐 트레이에 올린 후, 남은 치즈를 가운데 옴폭한 부분에 채운다.
8. 220도로 예열한 오븐에 반죽을 넣고 15-20분간 익힌다.
9. 가운데를 오목하게 만들고 달걀을 올려 반숙으로 익을 때까지 220도의 오븐에서 3-5분간 익힌다.
10. 오븐에서 꺼낸 후, 버터 조각을 올려 완성한다.
    빵 조각을 뜯어 가운데의 치즈, 달걀, 버터를 휘저어 찍어먹으면 된다.

영국·아일랜드

버블앤스퀵
아이리시 스튜

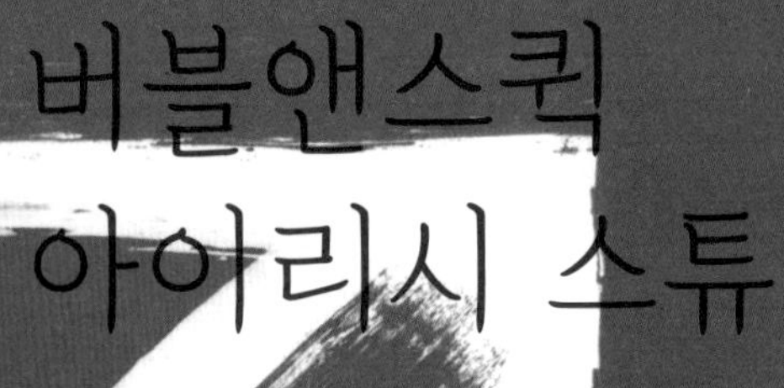

집에서 요리로

영국 · 아일랜드를 여행하기에 앞서

영국의 요리는 영국 땅에 거주했던 켈트족, 로마인, 앵글로색슨족, 노르만족의 요리를 기반으로 영국의 식민지였던 인도와 홍콩 등지의 영향을 받아 발전했다. 16-17세기에 걸친 종교개혁은 영국 요리가 단순하고 투박한 모습을 갖게 하는 데 큰 영향을 끼쳤다. 세계대전을 겪으며 엄격한 배급을 오랫동안 유지한 덕에 영국의 요리는 20세기 초에 비해 공산품의 사용이 늘고 단조로워졌다. 이러한 역사의 반작용으로 20세기 후반부터 현재에 이르기까지 다양한 에스닉 푸드에 대한 인기가 높아졌다. 런던은 미슐랭 레스토랑이 즐비한 세계적인 미식도시로 자리 잡기에 이르렀다.

영국요리는 육류를 위주로 발전하였으며 특히 소고기가 많이 사용된다. 굽거나 삶는 등 단순한 조리 방식을 사용하는 경우가 많으며, 생선의 경우 튀기는 조리법이 자주 사용된다(피시앤칩스가 대표적이다). 고기를 넣은 파이, 생선을 넣은 파이 등 식사용 파이도 발달해있다.

재료를 통째로 굽는 요리가 많은 영국에 비해, 아일랜드에는 솥(cauldron)을 이용하는 수프와 스튜 요리가 많다. 이를 먹을 재료가 풍부하지 않았던 아일랜드의 경제상황 때문이라고 해석하는 시각이 있다. 귀리, 밀, 보리와 같은 곡물과 감자, 육류가 주재료로 사용되며, 영국요리와는 달리 해초 요리가 발달한 것이 독특하다.

영국 · 아일랜드요리를 위한 기본 재료

1. 베이크드 빈즈: 잉글리시 브렉퍼스트의 주요 재료이다. 식빵에 올려먹는 것을 빈즈 온 토스트(beans on toast)라는 이름으로 부르기도 한다.

2. 우스터소스: 시큼 짭짤한 맛과 짙은 빛깔을 가진 소스이다. 스테이크 소스에 빠지지 않으며 고기요리와 잘 어울린다.

3. 몰트 비니거: 맥아를 이용해 만든 식초로 톡 쏘는 향이 강렬하다. 튀김과 궁합이 좋다.

4. 그레이비소스: 고기육수를 졸여 만든 소스이다. 간편하게 가루 형태로 나와 물과 섞어 끓이면 되는 제품도 존재한다.

버블앤스퀵: 영국의 재탕 요리

명절이나 잔치가 끝나면 남은 음식을 처리하느라 바쁜 모습은 어딜 가나 비슷한 듯하다. 한국인들은 남은 제사음식을 다시 프라이팬에 지지거나 잡탕국을 끓여 재활용하곤 한다. 한국인에게 명절과 제사가 있다면, 영국인들에게는 선데이 로스트가 있다. 구운 고기와 채소와 어우러진 선데이 로스트는 우리네 제사 요리처럼 푸짐하게 준비하는 것이 관례이다. 버블앤스퀵(Bubble and squeak)이라는 재미있는 이름의 요리는 선데이 로스트에서 남은 요리를 맛있게 재활용하기 위해 만들어진 요리이다.

선데이로스트는 영국식 아침식사와 더불어 영국인의 식생활을 대표하는 식사 중 하나이다. 이름에서 알 수 있듯 일요일에 먹는 요리로, 일요일 아침 교회에 다녀온 뒤 점심시간에 먹는 푸짐한 식사를 일컫는다. 오븐에 구운 고기(소고기나 닭고기 등)와 굽거나 찐 다양한 채소(감자와 당근, 콜리플라워, 완두콩, 시금치, 미니 양배추 등)가 선데이로스트의 핵심이다. 구운 고기에서 나오는 육즙으로 그레이비소스를 만들고, 떨어지는 기름으로는 요크셔푸딩을 만들어 곁들이기도 한다. 선데이로스트의 정확한 탄생 시점을 추적하기는 어렵지만, 멀리 잡으면 중세 시기, 적어도 18세기 산업혁명 시기부터 영국인들의 삶 속에 자리를 잡은 것으로 추정된다.

버블앤스퀵은 선데이 로스트만큼이나 유서 깊은 요리이다. 그 첫 번째 사전적 기록이 1762년에 발행된 옥스퍼드 영어사전으로 거슬러올라갈 정도이다. 영국인과 긴 역사를 함께 한 만큼, 버블앤스퀵 또한 나름의 변화를 겪었다. 18-19세기 중반의 버블앤스퀵은 감자가 들어가지 않는 것이 특징으로, 선데이로스트에서 먹고 남은 로스트비프와 양배추, 당근이 들어간 레시피가 일반적이었다. 이는 신대륙의 작물인 감자가 영국 사회에서 주요 식사 메뉴로 자리 잡는 데까지 오랜 시간이 걸렸다는 사실과 관련이 있다. 2차 세계대전 시기에 시작하여 1954년까지 지속된 영국정부의 식량배급 정책은 버블앤스퀵의 재료에 큰 영향을 미쳤다. 신선한 고기의 공급이 제한된 탓에 고기 위주의 푸짐한 선데이로스트를 즐기기 어렵게 되었기 때문이다. 따라서 버블앤스퀵의 주재료였던 로스트비프는 점점 자취를 감추게 되었고, 로스트비프의 빈자리는 상대적으로 공급량이 충분했던 감자가 채워나갔다. 따라서 20세기의 버블앤스퀵에는 고기가 아예 사용되지 않거나 적게 사용되며, 감자와 양배추 등의 잎채소가 주가 되는 형태를 띠게 되었다.

버블앤스퀵에 들어가는 재료는 저마다의 사정에 따라 다양하게 조합할 수 있지만, 버블(bubble, 거품)과 스퀵(squeak, 끽 또는 꽥하는 소리)이라는 이상한 이름이 붙은 이유에 대한 설명은 모두 한 가지 방향으로 모아진다. 프라이팬에서 버블앤스퀵을 구울 때 나는 소리를 묘사한 것이라는 설명이 바로 그것이다. 한 번이라도 버블앤스퀵을 만들어보면, 이러한 설명에 이견이 적은 이유를 확실히 체감할 수 있다. 뜨거운 열에 재료가 살짝 부풀듯 오르내리거나(버블) 재료 사이로 증기가 빠져나가며 나는 쉭쉭하는 소리(스퀵)을 시시각각 느낄 수 있기 때문이다.

2-3인분

버블앤스퀵 조리법

✔ 버블앤스퀵에 들어가는 재료는 모두 먹고 남은 재료(leftover)이므로 모두 이미 조리된 상태이다. 버블앤스퀵의 맛의 핵심은 이 재료들의 표면이 갈색으로 먹음직스럽게 익도록 하는 것이다. 팬에서 주걱으로 재료들을 뭉개다 보면 자연스럽게 스패니쉬 오믈렛(토르티야)과 비슷한 원반형으로 뭉쳐지게 된다.

- 삶은 감자 10 개
- 밀가루 1 컵
- 다진 양파, 햄, 양배추, 당근 각 1 컵씩
- 버터 약간
- 소금, 후추 약간

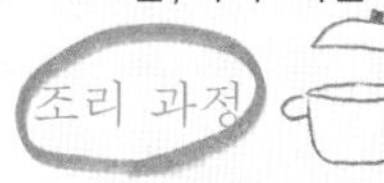

1. 삶은 감자는 으깨서 소금과 후추, 버터를 섞어둔다.
2. 기름을 두른 팬에 양파, 당근, 햄, 양배추를 넣고 재료가 부드러워질 때까지 볶는다.
3. 으깬 감자와 2의 볶은 채소를 볼에서 섞는다.
4. 반죽을 주먹만 한 크기로 빚어 밀가루 옷을 입힌다.
5. 프라이팬에 겉면을 노릇하게 익혀 완성한다.
6. 프라이팬이 작다면 팬 사이즈의 둥근 모양으로 뒤집어가며 구울 수도 있다.

아이리시 스튜: 한 그릇의 기쁨과 눈물

아이리시 스튜(Irish stew)는 아일랜드를 대표하는 가장 유명한 요리이다. 이름에서부터 이 요리가 아일랜드인에게 아주 중요한 요리임이 명백하게 드러난다. 한국 요리에 빗대어보면 이를 확연히 느낄 수 있다. '아이리시 스튜'를 한국식으로 바꾸면 '한국탕' 또는 '대한 찌개', '조선찜' 정도의 어마어마한 무게감의 이름을 붙여야 할 것이다.

양고기(또는 소고기)가 들어가는 스튜 요리이기 때문에 아이리시 스튜를 고급요리라고 어림짐작할 수도 있지만, 아이리시 스튜는 화려하고 세련된 요리와는 거리가 멀다. 전통적인 아이리시 스튜에 사용되는 고기는 질 좋은 어린 양(lamb)이 아닌 질기고 누린내가 강한 늙은 양(mutton)이다. 일조량이 적고 척박한 아일랜드 땅의 대부분은 농지가 아닌 목축지로 사용되었고, 이 구릉과 산지를 노닐며 아일랜드인들을 먹여 살린 것이 바로 이 양들이었다. 풀만 먹고도 잘 자라 양털과 젖을 제공하고, 늙어 죽을 무렵에는 양고기까지 선사하고 떠났으니 아일랜드 사람들에게는 고마운 가축이었다. 늙어서 질겨진 고기를 요리하기 위한 가장 간편하고 직관적인 방법은 바로 오래 끓이기였을 것이다. 수명을 다한 양의 몸뚱이가 향할 곳은 화덕에 걸린 깊은 솥이었다.

척박한 유럽의 서쪽 끝 땅에 사는 농민들이 먹던 소박한 요리였기에, 아이리시 스튜의 재료와 맛 또한 정교한 술수와 복잡한 과정 없이 단순하고 순수하기 그지없다. 양고기 이외에 들어가는 재료는 양파와 감자, 당근 같은 뿌리채소 약간이 전부이다. 다채로운 풍미의 향신료도, 정교한 소스를 만드는 과정도 없다. 허브라고 해도 흔하디흔한 로즈메리 약간이 전부이다. 그래서 아이리시 스튜는 자연스러운 고기향이 풍기는 솔직하고 구수한 맛이 난다. 기네스 맥주를 넣어 국물 색을 진하게 만드는 레시피도 있지만 이는 현대에 새롭게 추가된 과정이라고 하니, 단순함의 극치인 아이리시 스튜의 정체성에는 큰 변화가 없다.

아이리시 스튜를 먹다 보면 이 뜨끈한 국물을 삼키던 과거 아일랜드 사람들의 마음을 상상해보게 된다. 아일랜드의 근대는 기쁨보다는 슬픔이 많은 시기였기 때문이다. 아일랜드 대기근(1845-1852)을 지나며 아일랜드인들은 무수히 많은 이별을 겪어야 했다. 이 시기는 영양실조와 질병으로 인한 엄청난 수의 사망과 이를 피하기 위한 이민으로 인해 인구가 이전의 4분의 3 수준으로 급감한 시기이기도 했다. 이러한 고난의 시대를 살던 이들에게 아이리시 스튜는 어떤 의미였을지, 또 한 조각의 고깃덩어리 안에 얼마나 많은 기쁨과 눈물이 겹겹이 눌러 담겨 있을지. 역사의 슬픈 단면에서 민중과 함께 했던 요리가 지닐 기억의 무게를 한 줄의 글로 표현하기는 어렵기만 하다.

3-4인분

아이리시 스튜 조리법

재료

· 양고기 또는 소고기 1 kg (지방이 적당한 부챗살이나 등심 부위)
· 양파 1 개 한 입 크기로 썬 것
· 작은 감지 기준 데여섯 개 한 입 크기로 썬 것
· 당근 1 개 한 입 크기로 썬 것
· 밀가루 1.5 tbsp
· 버터 1 tbsp
· 치킨스톡 고형 큐브 하나에 물 3컵
· 소금, 후추, 로즈메리 약간, 식용유 약간

재료의 양은 취향에 따라 과감히 변화 가능

조리 과정

1. 식용유를 두른 팬에 2-3 cm 정도의 두께로 손질한 소고기를 얹고 갈색빛이 돌 때까지 익힌다.

2. 고기를 따로 덜어내고 손질한 양파를 넣고 갈색빛으로 익힌다. 양파에 갈색빛이 돌면 버터를 넣어서 녹인다.

3. 녹은 버터와 밀가루를 섞어가며 3분 정도 볶는다.

4. 치킨스톡 큐브 하나와 물 세 컵을 넣고 로즈메리를 약간 올린다.

5-1. 4의 재료와 따로 덜어 둔 고기, 당근을 한 냄비에 옮겨 담고 1시간 동안 끓여 고기를 부드럽게하고 육수를 졸인다. 냄비 바닥에 재료가 눌어붙지 않도록 이따금 저어준다.

5-2. 냄비에 넣고 수시로 저어주는 과정이 귀찮다면 전기밥솥을 사용해보자. 감자와 소금, 후추를 제외한 모든 재료를 전기밥솥에 넣고 '찜' 기능을 이용해 40분에서 50분 동안 찐다.

6. 감자를 넣고 20분 정도 더 밥솥에서 찌거나 냄비에 넣고 끓인다. 소금과 후추로 간을 한다.

미국·호주

브렉퍼스트 부리토
비트핫도그

집에서 요리로
미국·호주를 여행하기에 앞서

미국요리하면 흔히 떠올리는 이미지가 몇 가지 있다. 햄버거와 피자, 핫도그 등의 패스트푸드와 가공식품이 바로 그것이다. 가족과 함께하는 바비큐 또한 미국식 식생활의 주된 풍경이다. 그러나 미국요리를 한 가지 서술로 요약하기는 어려운 일이다. 이민자들로 이루어진 국가답게, 유럽 및 남미와 아시아 등 다양한 국가에서 유입된 요리들이 미국요리에 끊임없이 다양성을 부여하기 때문이다.

이러한 다양성에서 잠깐 눈을 돌려 미국요리의 원류를 찾아가자면, 초기의 영국계 이주민과 아메리칸 인디언의 식생활을 언급하지 않을 수 없다. 영국의 영향은 베이컨과 달걀, 소시지, 토스트 등으로 이루어진 미국식 아침식사와 추수감사절과 크리스마스에 등장하는 다양한 요리(로스트와 스터핑, 매쉬포테이토 등)에서 확연하게 드러난다. 반면 미국 전통요리에 자주 등장하는 옥수숫가루(corn meal)와 호박, 크랜베리 소스, 칠면조, 메이플시럽은 모두 아메리칸 인디언의 요리에서 기원한 재료들이다.

미국과 국경을 접하는 캐나다의 요리는 미국요리와 공통되는 특성을 많이 지니고 있다. 피시앤칩스와 같은 영국요리의 전통이 더 잘 살아있으며 퀘벡 등지에서 프랑스 요리의 영향을 받은 요리를 쉽게 만날 수 있다는 점은 미국요리와 차별되는 점이다.

호주의 요리에서는 영국 요리문화의 특징이 비교적 더 두드러지게 나타난다. 홍차를 즐기는 문화와 호주식 아침식사에서부터 피시앤칩스, 미트파이까지, 영국요리와의 접점을 현재까지도 쉽게 발견할 수 있다. 이와 더불어 풍부한 축산물을 바탕으로 한 바비큐 문화가 널리 퍼져있다. 중국인 이민의 역사가 긴 만큼 아시안 요리가 중요한 입지를 차지하고 있기도 하다.

미국·호주요리를 위한 기본 재료

1

1. 치킨 스톡과 비프 스톡: 다양한 스튜와 수프 요리에 핵심적인 재료이다.

2

2. 케첩, 마요네즈, 우스터소스, 스테이크 소스(A1 소스), **머스터드 등 다양한 소스**: 아시아 요리의 대중화로 스리라차 소스나 간장, 데리야키 소스 또한 많은 가정에 보급되어 있으며, 멕시칸 살사와 시즈닝 또한 널리 이용된다.

3

3. 피넛버터와 메이플 소스, 각종 잼: 빵을 즐기는 식문화답게 이에 곁들이는 가공식품이 발달했다. 유명한 간식인 PB&J(피넛 버터와 젤리, 식빵 사이에 피넛버터와 잼을 끼운 것)의 경우와 같이 피넛버터와 잼을 즐겨먹으며, 와플이나 팬케이크에는 메이플 시럽이 애용된다.

4

4. 토마토 통조림: 미국요리는 이탈리아요리의 영향을 많이 받았기 때문에 토마토를 사용하는 요리(파스타와 피자, 수프 등)가 발달하게 되었다.

브렉퍼스트 부리토: 미국에서 만난 영국과 멕시코

브렉퍼스트 부리토는 참 신기한 요리다. 토르티야랩으로 야무지게 싼 모양을 보면 아무리 보아도 부리토인데, 베이컨과 달걀, 감자가 들어간 그 속은 전형적인 미국식 아침식사와 같다. 누군가 토르티야만으로는 부리토라는 정체성을 표현하기에 부족함이 있다고 판단했는지, 여기에 매콤한 살사와 할라피뇨, 콩을 곁들였다. 한 입 베어 물면 입 안에서 미국과 멕시코가 한데 만나는 오묘한 조합을 느낄 수 있다. 브렉퍼스트 부리토는 버거킹과 던킨도너츠 같은 패스트푸드점에서 조식 메뉴로 판매되며, 대학교의 기숙사 식당에서도 아침이면 으레 등장하는 인기 메뉴이기도 하다.

브렉퍼스트 부리토가 가지는 정체성의 한 축은 미국식 아침식사에 걸쳐있다. 전통적인 미국식 아침식사는 팬케이크나 와플, 토스트와 더불어 달걀과 베이컨, 감자 요리(해시브라운이나 홈 프라이)가 한 그릇에 푸짐하게 펼쳐지는 것을 그 특징으로 한다. 바쁘기 그지없는 평일 아침에야 시리얼이나 베이글, 달달한 팝 타르트(Pop Tarts) 따위로 간단히 때우는 일이 잦지만, 여유로운 주말 아침이면 아직도 가족끼리 둘러앉아 푸짐하게 준비한 아침식사를 나누어 먹는 경우가 많다. 아무리 작은 동네라 하더라도 중심가에는 아침메뉴를 전문으로 하는 다이너(diner)가 있어 주말이면 이 기름지고 달달한 식사를 위해 모인 가족들로 북적이기 마련이다.

브렉퍼스트 부리토의 나머지 한 축은 미국식 멕시코 요리인 텍스멕스(Tex-Mex) 요리에 있다. 텍스멕스는 텍사스와 멕시코를 결합한 단어로, 텍사스 지역으로 이주한 멕시코계 이민자들에 의해 미국식 입맛을 따라 변화한 요리를 일컫는다. 텍스멕스 요리와 멕시코 본토 요리는 사용되는 재료에 큰 차이가 있다. 텍스멕스 요리는 미국인의 식성에 맞추어 밀가루 토르티야에 체다 등의 치즈를 배합한 멕시칸 치즈 블렌드를 듬뿍 사용하고 고기를 듬뿍 사용하는 방식으로 발전했다. 멕시코 본토에서는 일부 요리에만 쓰이는 큐민이 거의 모든 시즈닝에 빠짐없이 사용된다는 점도 두드러지는 차이점이다.

많은 이들이 '멕시코 요리'라고 여기는 요리가 사실은 텍스멕스 요리일 수도 있다는 점이 흥미롭다. 칠리콘카르네, 파히타, 타코샐러드, 치미창가는 모두 미국 땅에서 멕시코계 이민자들에 의해 탄생한 요리이다. 멕시코 요리의 대표격으로 알려진 부리토 또한 사실 멕시코 북부에만 퍼져있는 지역 요리이며, 멕시코인보다는 미국인의 식생활에서 그 중요도가 더 높게 체감되는 요리로 자리 잡았다.

이러한 상황을 고려할 때, 브렉퍼스트 부리토가 여타 텍스멕스 요리와 마찬가지로 미국 남부에서 탄생했다는 사실은 일견 자연스럽게 느껴진다. 브렉퍼스트 부리토는 남쪽으로는 멕시코와, 동쪽으로는 텍사스를 접하는 뉴멕시코주 어느 부리토 식당에서 처음으로 만들어졌다고 한다. 정확히 증명된 바는 없지만 이 식당의 관련인들은 자신들이 1975년부터 베이컨과 감자튀김을 넣고 돌돌 만 부리토에 칠리와 치즈를 얹어 팔던 것이 브렉퍼스트 부리토의 시초라고 주장하고 있다. 브렉퍼스트 부리토는 미국 남서부의 젊은이들 사이에서 선풍적인 인기를 끌었다. 불어나는 브렉퍼스트 부리토의 인기를 감지한 맥도널드가 이를 정식 메뉴로 받아들인 것이 1980년의 일이었다. 미국으로 이주한 멕시코계 이민자의 손에서 멕시코와 미국의 전통을 한데 합쳐 탄생한 요리가, 미국요리의 상징인 패스트푸드에 성공적으로 편입된 과정은 아메리칸 드림의 진형적인 스토리라인을 닮아있다.

 3-4인분

브렉퍼스트 부리토 조리법

재료

· 부리토용 토르티야 6-8 장
· 달걀 6개
· 파프리카 1개, 양파 반 개
· 감자(작은 것 기준) 9-10개
· 베이컨 4-5 줄
· 치즈(멕시칸 치즈 블렌드 또는 슈레드 체다)
· 올리브유, 소금, 후추
· (선택) 통조림 블랙 빈
· (선택) 살사 소스
· (선택) 다진 할라피뇨

1. [홈 프라이 만들기 1] 감자는 반으로 잘라 전자레인지에 4분간 익힌다.
   살짝 덜 익은 상태의 감자를 절반으로 자른 것의 6분의 1 크기로 자른다.

2. [홈 프라이 만들기 2] 프라이팬을 살짝 데우고 올리브유를 넉넉히 붓는다.
   감자 한 조각을 올려 튀겨지는 소리가 나면 나머지 감자를 넣고 고루 튀긴다.
   한 면만 익지 않도록 잘 섞어준다. 키친타월로 덮은 접시에 올려 기름을 뺀다.

4. 기름을 살짝 두른 팬에 잘게 썬 양파와 파프리카를 넣고 숨이 죽을 때까지 볶는다.

5. 깊은 볼에 달걀을 풀고 소금 후추 간을 한다. 달걀과 볶은 채소를 섞는다.

6. 채소와 달걀 섞은 것을 달걀을 팬에 올린 후 살살 저어서 스크램블드 에그를 만든다.

7. 기름을 넉넉히 두른 팬에 베이컨을 튀기듯 볶는다. 키친타월 위에 올려 기름을 뺀다.

8. (선택) 프라이팬을 달군 뒤에 토르티야를 얹고 한 면당 10초씩 데운다.

9. 브렉퍼스트 부리토는 스크램블드 에그, 홈 프라이, 베이컨과 치즈를 취향껏 올려서 만든다.

10. 텍스멕스의 느낌을 살리고 싶다면 위의 재료에 블랙빈과 할라피뇨, 살사 소스를 추가한다.
    편지봉투를 접듯이 부리토를 말아 완성한다.

비트핫도그: 호주인의 열렬한 비트사랑

호주 식당의 햄버거나 핫도그 메뉴판을 자세히 들여다보면, 다른 나라에서 보기 힘든 재료가 한 가지 눈에 들어온다. 잘게 다져지거나 슬라이스 된 형태로 자주 등장하는 이 재료는 바로 비트(beetroot)이다. 한국에서는 비교적 최근에 인기를 얻은 작물이지만, 호주인들은 최소한 20세기 중반부터 다양한 요리에 비트를 첨가해 즐겨왔다.

호주인들이 어떤 계기로 비트를 사랑하게 되었는지는 정확히 밝혀진 바가 없다. 그 계기에 대해, 과도하게 생산된 비트를 상품화하기 위해 1920년대에 절인 비트 슬라이스를 넣은 통조림이 생산되기 시작한 일과 연관 짓는 해석이 있다. 비트 캔이 보급되면서 이를 사용한 다양한 레시피 또한 생겨났기 때문이다. 대표적인 예는 1940년대부터 세간에 알려지기 시작한 햄버거 레시피로, 일반적인 치즈버거의 구성에 비트 피클 슬라이스, 베이컨, 파인애플, 달걀 프라이를 끼워 푸짐하게 만드는 것이 특징이다. 시간이 흐름에 따라 이 햄버거에는 '오지 버거 윗 더 랏(Aussie burger with the lot)'이라는 이름이 고유명사처럼 따라붙었다. 이 새로운 전통을 반영하여, 1999년 맥도날드 호주 지사는 비트슬라이스가 들어간 맥오즈(McOz)를 출시한 바 있다.

그 이유가 어떻든 간에, 호주인들의 비트에 대한 사랑이 남다름은 부정할 수 없는 사실이다. 호주인들이 매달 세 번, 최소 1 kg의 비트를 구매한다는 소비자 조사 결과가 있을 정도이다. 비트 섭취량이 많은 만큼 이를 소비하는 방식도 다양하다. 슬라이스하여 피클을 담그는 것이 대표적이지만 잘게 다져 식초와 설탕을 넣어 처트니로 만드는 경우도 있다. 이렇게 만든 피클과 처트니는 햄버거나 샌드위치, 핫도그 등 다양한 요리에 곁들여진다. 비트를 그릴에 구워 샐러드에 넣거나 주스로 만들어 섭취하기도 한다. 감자칩을 만들 듯 슬라이스해 튀겨 만든 비트칩 또한 호주의 슈퍼마켓에서 쉽게 찾을 수 있는 간식거리이다.

호주와 식생활이 유사한 미국에서는 비트가 그리 인기 있는 작물이 아니다. 그래서 호주를 방문하는 미국인들은 요리 곳곳에 등장하는 비트의 향연에 적잖이 놀라는 반응을 보인다고 한다. 햄버거 강국을 자부하는 국가인 만큼, 특히 호주를 상징하는 "버거 윗 더 랏"에 대한 호오가 극명하게 갈리는 편이다.

비트에 대한 시각차로 인해 호주인들의 비트 사랑에 찬물을 끼얹는 발언으로 물의를 빚은 이가 한 명 있어 눈길을 끈다. 유명 레스토랑 그룹의 창시자이자 넷플릭스 쇼「어글리 딜리셔스」의 진행자인 데이비드 창이 이야기의 주인공이다. 2015년, 그는 『Lucky Peach』라는 온라인 잡지와의 인터뷰에서 "호주인들이 통조림 비트와 달걀 프라이를 햄버거에 끼워 넣음으로써 세상 그 어느 누구보다 햄버거를 망치고 있다"라고 주장했다. 이 발언은 자연히 호주인들의 분노를 불러일으켰다. 그 해 다른 인터뷰에서, 그는 이미 많은 분노 이메일을 받았으며, 자신이 햄버거계의 도널드 트럼프가 된 것 같아 스스로가 싫다고 답한 바가 있다.

비트에 대한 비판은 호주인들의 역린을 건드리는 것과 마찬가지임을 몸소 보여준

데이비드 창은 중요한 사실을 몇 가지 간과하고 말았다. 첫째는 호주인들이 미국인만큼이나 혹은 그 이상으로 많은 햄버거를 섭취한다는 점이다. 연평균 햄버거 섭취량에서 호주(38개)가 미국(30개)을 압도한 2015년의 조사 결과가 이를 증명한다. 맛있는 햄버거를 정의할 수 있는 권위는 미국인만의 것이 아닌 셈이다. 두 번째는 비트 피클이 가진 기능이다. 호주식 햄버거의 비트 피클은 사실상 일반 햄버거의 오이 피클을 대신한다. 핫도그의 경우도 마찬가지라서, 미국인들이 다진 오이 피클을 곁들이는 것과 유사하게 호주인들은 다진 비트로 만든 처트니를 곁들이는 경우가 많다. 겉보기와 맛에서 차이가 있을지라도 생각의 저변을 조금만 넓히면 햄버거와 비트가 그리 괴이한 조합이 아님을 짐작할 수 있었을 것이다. 데이비드 창이 간과한 마지막 사실은 바로 비트가 들어간 요리들이 충분히 맛있다는 사실이다. 호주인들이 햄버거를 망치고 있다고 선언하던 시점에서, 그의 혀는 그가 가진 햄버거에 대한 편견에 잠시 마비되어 있었음이 틀림없다.

5-6인분

호주식 비트핫도그 조리법

비트 처트니 재료

- 사과 4개
- 마늘 1개
- 양파 1 알
- 8 cm 길이 생강
- 비트 250g
- 설탕 2/3-3/4 컵
- 식초 1-1.5 컵
- 시나몬 2 tsp
- 소금 1/2 tsp

핫도그 재료

- 핫도그 번, 소시지, 볶은 양파

1. 사과와 양파, 비트, 생강, 마늘을 모두 잘게 다진다.

2. 잘게 다진 재료에 설탕, 식초, 시나몬, 소금을 넣는다.

3. 재료가 부드럽게 익도록 1시간가량 익힌다. 타지 않도록 자주 저어준다. 남은 재료는 소독한 유리병에 담아 보관한다.

4. 핫도그 번의 한쪽 면에 머스터드를 바른다. 볶은 양파, 소시지, 비트 처트니를 올려 완성한다.

사과식초

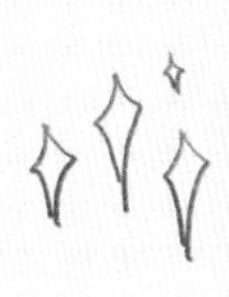

쿠바
로파 비에하

집에서 요리로

쿠바를 여행하기에 앞서

쿠바요리는 아프리카와 스페인, 중국 및 카리브 해 요리의 혼합이다. 15세기 후반에서 19세기까지 사백 년 동안 이어진 스페인의 식민통치는 스페인요리가 쿠바 땅에 깊게 뿌리내리는 계기가 되었다. 이들이 구대륙으로부터 소와 돼지를 들여와 정착시킨 것은 쿠바를 넘어서 중남미 요리를 혁명적으로 바꾸는 전환점과도 같았다. 쿠바의 토티야(tortilla)가 라틴 아메리카의 그것과 달리 스페인식의 오믈렛인 점 또한 스페인과 쿠바 간의 강한 연결고리를 보여주고 있다. 소프리토(sofrito, 토마토, 피망, 양파, 마늘 등을 올리브오일에 볶은 것)가 많은 요리의 기본이 되는 것 또한 그러하다.

착취와 감염병으로 인해 원주민이 사멸하다시피 하자, 스페인인들은 담배와 사탕수수 재배 등을 위해 아프리카의 흑인 노예를 쿠바로 이주시켰다. 이로 인해 아프리카 요리의 많은 특성이 쿠바의 요리문화에 편입되었다. 플랜틴을 두 번 튀겨 만든 토스토네스(tostones)가 그 예이다.

아프리카인의 노예화가 불법화되자, 인도와 중국인 노동자들이 대거 투입되면서 중국의 요리문화가 쿠바 땅에 퍼지게 되었다. 쌀과 콩이 쿠바의 주식이 된 데에는 이들의 영향이 컸다. 1961년의 쿠바 혁명 이후에는 소련과의 관계가 강화되면서 밀, 파스타, 피자, 아이스크림과 같은 서구적인 식품이 쿠바인의 식단에 자리를 잡게 되었다.

쿠바요리를 위한 기본 재료

1, 향신료와 허브: 큐민, 오레가노, 파슬리, 마늘, 고수, 양파는 쿠바요리의 기본인 소프리토(sofrito)의 핵심 재료이다. 월계수 잎 또한 많은 요리에 활용된다.

2. 오렌지, 라임, 레몬: 과일이 풍부한 열대기후에 속한 만큼 많은 요리에 시트러스 주스가 활용된다.

3. 고추: 쿠바요리에 자주 사용되는 고추는 아히페퍼(aji pepper)와 쿠바넬로(cubanello) 등이 있는데, 그리 맵지 않고 파프리카와 비슷한 외양을 하고 있다.

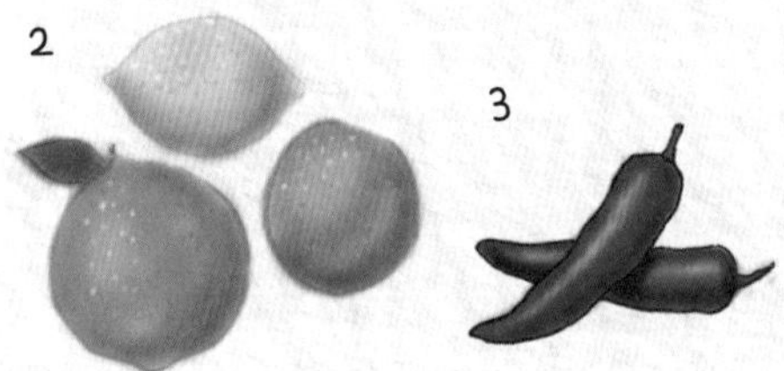

로파 비에하: 너덜너덜한 요리에 얽힌 사연

쿠바의 국민 요리로 손꼽히는 유명한 요리로 로파 비에하(Ropa Vieja)가 있다. 소고기를 뜨거운 물이나 스톡에 넣어 고깃결이 실처럼 분리될 때까지 천천히 익혀서 만드는데, 여기에 토마토와 마늘, 양파, 피망과 그린 올리브를 추가하면 로파 비에하가 완성된다. 쿠바인들은 여기에 쿠바의 주식이라 할 수 있는 검은콩과 밥(moros y cristianos, '무어인과 기독교인'이라는 뜻)을 곁들여 먹곤 한다.

로파 비에하는 상당수의 쿠바요리가 그러하듯 스페인요리에 그 뿌리를 두고 있다. 그 기원은 중세 스페인 땅의 양치기들이 먹던 요리로 거슬러 올라간다. 이들은 대량의 고기를 오랫동안 푹 끓인 후 이를 이동식으로 삼아 섭취하곤 했다. 이것이 발전한 것이 오늘날의 로파 비에하가 되었다고 한다.

스페인어 화자라면 로파 비에하의 이름을 듣자마자 그 독특한 이름에 고개를 갸우뚱하게 될 것이다. 로파 비에하는 스페인어로 '너덜너덜한 옷' 내지는 '넝마'를 의미하기 때문이다. 나름 평범해 보이는 소고기 스튜에 이런 이상한 이름이 붙은 데에는 나름의 사연이 있을 법하다. 이를 설명하는 두 가지의 이야기가 있다.

첫 번째 이야기는 그 요리 방식에서 이름의 연원을 찾는다. 로파비에하는 소고기를 오래 삶은 후, 이를 꺼내 결을 따라 실처럼 쭉쭉 찢어내는 과정을 거쳐 만든다. 그렇게 찢어낸 기다란 고기조각들은 다 헤어져서 실이 너덜너덜해진 옷감과 얼핏 비슷해 보이기도 한다. 근조직이 길고 뚜렷한 옆구리살(flank)나 양지, 목심을 오래 끓여 만들기 때문에, 그 시각적 유사성이 극대화되었을 것이다.

두 번째 사연은 이보다 조금 더 문학적이다. 먼 옛날, 스페인의 어느 산간 지방에 가난한 양치기가 살았다. 떨어져 살던 가족들이 오랜만에 모이기로 한 날이었다. 갖은 노력에도 불구하고, 그는 가족들의 저녁식사로 차려낼 요리 재료를 모을 수가 없었다. 양치기는 깊은 슬픔에 빠져 온 집안을 들쑤시며 먹을거리를 찾았다. 옷장을 뒤지던 그는 자포자기한 심정으로 끓는 냄비에 옷가지 몇 개를 집어넣고 삶기 시작했다. 냄비 곁에 무릎을 꿇고 앉아, 그는 무언가 기적이 일어나 끓여낸 옷이 가족을 위한 식사로 변할 수 있기를 오랫동안 기도했다. 놀랍게도, 그의 소원이 이루어졌다. 가족이 먼 길을 걸어 양치기의 집에 다다른 순간, 냄비 안의 옷가지가 따뜻하고 감미로운 고기스튜로 변해 있었던 것이다. 양치기의 감동적인 이야기를 전해 들은 이웃들 또한 고기를 오래 끓여 스튜를 만들어 먹기 시작했고, 그것이 로파비에하라는 이름으로 퍼지게 되었다고 한다.

옷이 고기로 변하는 비현실적인 이야기를 당대의 사람들이라고 쉽게 믿었을까 의심스럽기는 하다. 하지만 '넝마'라는 독특한 이름이 어떤 이유에서든 특수한 생명력을 갖고 현재까지 이어지게 된 것은 자명한 사실이다. 스페인의 목동의 요리에서 시작해 쿠바의 국민 요리로 자리 잡기까지, 로파 비에하의 생명력의 바탕에는 이름에 얽힌 애틋한 전설과 요리의 맛에 공감하는 대중들의 애정이 존재했음이 틀림없다.

2-3인분

로파 비에하 조리법

✔ 로파 비에하는 원래 지방이 거의 없고 근육 조직에 길게 찢어지는 치마살로 만든다. 특성이 비슷한 목심이나 양지 또한 좋은 후보가 될 수 있다.

- 치마살, 목심 또는 양지 500g
- 양파 1 개
- 마늘 3-4 톨
- 파프리카 3 개
- 토마토 4 개 또는 토마토 캔 1 개
- 큐민 2 tsp
- 파프리카 파우더 2 tsp
- 오레가노 2 tsp
- 디종 머스타드 2 tbsp
- 우스터소스 2 tbsp
- 케첩 2 tbsp
- 소금, 후추, 카옌페퍼 파우더 적당량

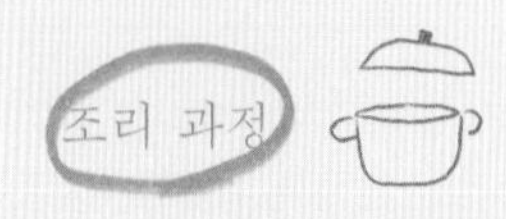

1. 전기밥솥에 소고기, 마늘, 생강, 대파를 넣고 재료가 잠길 만큼 물을 부은 뒤 만능찜 기능으로 45분-1 시간 정도 조리한다.
2. 양파와 피망, 마늘은 가늘게 썬다.
3. 케첩, 머스터드, 우스터소스, 큐민 파우더, 파프리카 파우더, 오레가노, 다진 마늘을 섞어 소스를 만든다.
4. 토마토를 한 입 사이즈로 손질한다.
5. 꺼낸 고기를 잘게 찢는다.
6. 육수는 건더기를 체로 걸러 따로 둔다.
7. 기름을 두른 팬에 양파를 넣고 부드러워질 때까지 볶는다.
8. 파프리카를 넣고 부드러워질 때까지 볶는다.
9. 토마토와 잘게 찢은 고기를 넣고 토마토가 부드러워질 때까지 볶는다.
10. 남은 소고기 육수를 적당량 부어 자작하게 만든 뒤 미리 배합해둔 소스를 넣어 3분 정도 끓인다.

페루

세비체

집에서 요리로

페루를 여행하기에 앞서

페루의 요리는 원주민의 문화와 스페인, 이탈리아 등 유럽계 이민자들의 문화가 어우러져 다양한 층위를 이루고 있다. 중국과 일본계 이주민의 요리 또한 페루의 요리에 영향을 주었다. 디저트류를 위시해 많은 요리에서 스페인 등 유럽 국가의 영향을 찾아볼 수 있는 한편, 페루 고유의 재료와 요리법도 보존되고 있다.

옥수수와 감자, 고추, 고구마, 토마토, 카사바 등이 이 지역이 원산인 만큼 세계 그 어느 지역보다 다양한 종류의 옥수수와 감자 등을 다양한 방법으로 요리에 활용하는 것이 특징이다. 고추의 한 종류인 아히 아마리요(aji amarillo)는 소스로 조리되어 페루요리 전반에 널리 쓰인다.

페루의 다양한 지형 또한 페루요리의 다양성을 증대시켰다. 서부 해안지대에서는 세비체(ceviche)와 같은 해산물을 사용한 요리가 발달했다. 아마존 강과 티티카카 호수 또한 풍부한 식량자원을 제공하는 역할을 하고 있다. 고원지대에서는 옥수수와 감자, 알파카와 기니피그 등을 섭취하는 페루 고유의 전통식단을 유지하는 비율이 높다.

페루요리를 위한 기본 재료

1

2

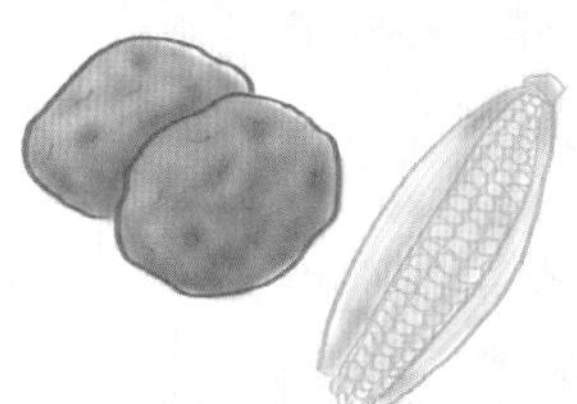

3

1. 아히 아마리요: 페이스트 또는 소스의 형태로 다양한 요리에 활용된다. '노란 고추'라는 뜻의 이름 그대로 노란빛을 띤다.

2. 감자, 옥수수: 한국인에게는 간식 또는 식재료의 하나로 여겨지는 작물이지만, 페루 사람들은 감자와 옥수수를 많은 요리에 감초처럼 곁들이는 경우가 많다.

3. 고수: 고수를 갈아서 만든 수프와 소스가 있을 정도로, 페루인들은 고수를 즐겨 먹는다.

4. 와카타이(huacatay) **소스**: 한국에서는 만수국아재비 또는 쓰레기풀이라는 이름으로 알려진 잡초가 페루에서는 중요한 허브로 사용된다. 이를 사용해 만든 소스는 민트와 바질의 중간 정도되는 맛이 난다고 한다.

세비체: 페루인들의 자부심을 담은 요리

특정 요리의 기원을 따지는 일은 종종 그 요리를 둘러싼 몇몇 나라 간의 알력 다툼의 장으로 변하기도 한다. 한국과 중국, 일본이 예민하게 대립한 김치 원조 논쟁이 그 대표적인 예이다. 김치 논쟁만큼 첨예했을지는 모르겠지만, 페루의 대표 음식인 세비체를 두고도 어느 나라가 원조인지에 대한 시각차가 존재한다는 점이 흥미롭다. 세비체의 원조 자리를 두고 다투는 나라는 바로 페루와 스페인이다.

세비체가 페루를 대표하는 요리라는 현실은 엄밀한 사실이지만, 꽤 오랜 시간 동안 세비체의 '스페인원조설'이 나름의 근거를 기반으로 많은 지지를 받았다. 첫 번째 근거는 '세비체(ceviche)'라는 이름의 어원과 관련이 있다. 많은 이들이 세비체의 어원으로 꼽는 단어로 '피클'을 의미하는 스페인 단어 '에스카베체(escabeche)'를 꼽는다. 이는 '식초에 절인 고기'를 뜻하는 아랍어 단어에서 유래한 것으로, 시트러스류의 산에 날 생선을 살짝 절이는 세비체의 요리법과 의미가 잘 맞아떨어진다. 두 번째 근거는 세비체의 핵심재료인 레몬 및 라임과 관련이 있다. 이러한 시트러스류는 아시아가 원산으로, 스페인인이 진출하기 이전 신대륙에는 존재하지 않던 과실이었다.

한편, 이러한 스페인 기원설은 페루의 원주민 전통요리에 대한 인식이 개선됨에 따라 그 기세가 한풀 꺾이게 되었다. 페루 원주민의 식문화 역사를 연구하는 이가 늘어난 것과 더불어 '스페인 기원설'에 대한 반박이 체계성을 갖추게 되었기 때문이다.

페루 기원설의 첫 번째 근거는 콜럼버스의 신대륙 발견 이전부터 아메리카 원주민들이 오늘날의 세비체와 유사한 요리법을 구사했다는 점이다. 지금으로부터 2000년 전, 페루의 서쪽 해안선을 따라 발달한 모체(moche) 문명이 있었다. 정교한 도자기 기술로 널리 알려진 이 모체 사람들이 세비체와 유사한 요리를 즐겼다는 점이 연구를 통해 밝혀졌다. 이들은 이 지역에 예로부터 자생하던 바나나 패션프루츠 과즙에 날생선을 절여먹었다고 한다. 페루인들이 '툼보'라고 부르는 이 과일은 오렌지 및 바나나를 떠올리게 하는 향과 새콤달콤한 맛을 특징으로 한다. 비슷한 전통은 모체 문명 이후의 문명에서도 발견된다. 13세기를 즈음하여 등장한 잉카 제국에는 옥수수를 발효시켜 만든 음료(chicha)에 생선을 담가 먹는 전통이 있었다고 알려져 있다.

이러한 모체나 잉카의 요리와 에스카베체의 조리법에 차이가 있다는 점 또한 페루원조설에 힘을 실어준다. 날생선을 열로 조리하는 과정이 없는 세비체와는 달리, 거의 모든 에스카베체는 최소 한 번 이상 재료에 열을 가하는 과정을 거치게 되기 때문이다. 에스카베체를 만들기 위해서는 재료를 식초에 마리네이드한 후 이를 굽거나 한 번 튀긴 재료를 식초에 담가두는 방법이 주로 사용된다.

스페인과 페루 중, 세비체가 지니는 중요성은 페루에서 압도적으로 높다. 국가 주도로 매년 6월 28일을 '세비체의 날(Dia Nacional del Ceviche)'로 지정하고 세비체 축제를 열곤 하는 것이 이를 증명한다. 음식의 기원을 따지는 과정은 때로 정확성이 떨어지거나 예민한 세력다툼으로 변화하는 경우가 자주 있다. 그간 하층민의 것으로 무시

받던 페루 원주민의 식문화에 대한 관심이 높아지고 이에 대한 고고학적 연구가 지속되고 있다는 사실은 일견 고무적이다. 이러한 주제의 밝혀지지 않았던 측면에 해답을 던져줄 발견이 계속해서 이어지기를 바란다.

2-3인분

페루식 세비체 조리법

✓ 옥수수와 고구마의 원산지답게, 페루식 세비체에는 튀긴 옥수수알과 찐 옥수수, 달콤한 고구마 몇 조각이 기본적으로 곁들여진다.

✓ 보다 풍부한 맛의 세비체를 위해, 세비체에 들어가는 재료를 갈아 '호랑이 우유(Leche de tigre)'라는 이름의 육수 또는 음료를 만들 수 있다. 한국인의 눈에는 기이하게 여겨질 수 있지만, 청량감을 위해 얼음을 섞어 마시면 마치 냉면 물회 육수를 마실 때처럼 은근한 중독성을 느낄 수 있다고 한다.

- 흰 살 생선 400g(광어, 우럭 등)
- 적양파 가늘게 썬 것 1 개(흰 양파를 사용할 경우 물에 몇 시간 담가 매운맛을 제거한다)
- 라임즙 1 컵
- 샐러리 다진 것 3 줄기
- 홍고추 다진 것 2 개
- 고수 5 줄기
- 소금 약간
- (선택) 레체 데 티그레 1 컵*
- 상추 또는 양상추 약간
- 삶은 옥수수 약간
- 삶은 고구마 약간

* 레체 데 티그레

- 고구마 1 개
- 생선 조각 50g
- 샐러리 1 대
- 생강 2 cm 두께로 편 썬 것 하나
- 마늘 1 알
- 양파 반 개(물에 담가 매운 맛을 뺀 것)
- 고수 한 컵 또는 한 주먹
- 청고추 1 개
- 선택: 아히 아마리요 소스 1 tsp
- 라임즙 반 컵
- 물 한 컵
- 설탕 1 tbsp
- 시나몬 파우더 1 tsp
- 라임주스

1. 생선을 손가락 한 마디 정도 길이로 깍둑썰기 한다.

2. 라임즙을 짠다. 너무 세게 짜면 쓴맛이 우러나올 수 있으니 주의한다.

3. (선택)레체 데 티그레 재료를 적당한 크기로 손질한다.

4. (선택)레체 데 티그레 재료를 믹서에 넣고 5초 정도 짧게 간다.

5. (선택)믹서에 간 레체 데 티그레를 체에 걸러 찌꺼기는 버린다.

6. 생선 살, 양파, 샐러리, 고추, 고수, 라임즙, 소금, 레체데티그레(선택) 반 컵을 섞어 냉장고에 15분 동안 넣어둔다. 얼음을 함께 넣으면 시원함이 배가 된다.
   라임즙의 산으로 생선 살이 불투명해지도록 한다.

7. 산에 의한 조리가 끝난 세비체는 상추, 고구마, 옥수수 및 여분의 고수 토핑과 함께 차려 완성한다.

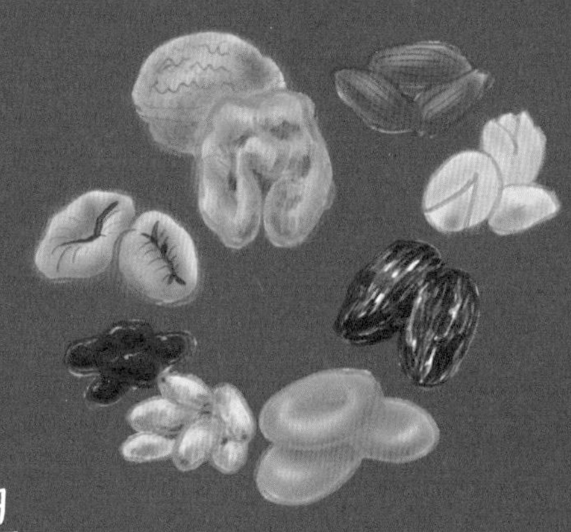

쿠스쿠스

집에서 요리로

모로코를 여행하기에 앞서

모로코요리의 기원은 약 2000년 전에 모로코 땅에 자리를 잡은 유목민인 베르베르족에서 찾을 수 있다. 이들은 양고기와 닭고기 등을 이용한 스튜 요리를 즐겼으며, 물이 부족한 생활을 했기에 수증기를 붙잡는 방법으로 적은 양의 물로도 요리할 수 있는 타진 요리를 적극적으로 활용했다. 또한 이들은 모로코인들의 주식이라 할 수 있는 쿠스쿠스를 개발했다고 알려져 있기도 하다.

모로코를 둘러싼 다양한 민족들 또한 모로코요리에 크고 작은 영향을 미쳤다. 아랍인들은 모로코 땅에 다양한 빵과 큐민, 터머릭, 시나몬과 같은 향신료를 전파했다. 페르시아인들은 과일과 시트러스를 사용한 새콤한 맛의 요리를 전달했다. 이베리아 반도 출신의 무슬림은 올리브와 올리브유를 생산하는 발전된 기술을 가지고 왔다. 오스만 제국과 영향을 주고받으면서 케밥을 만드는 기술을 받아들이게 되었다. 1912년 모로코를 식민지로 삼은 프랑스의 영향은 커피와 디저트 분야에서 두드러진다.

오늘날의 모로코요리를 대표하는 요리로는 타진과 쿠스쿠스가 있다. 콩이 잔뜩 들어가 든든한 하리라 수프도 유명하다. 또한 다양한 샐러드와 샌드위치도 잘 알려져 있다.

모로코요리를 위한 기본 재료

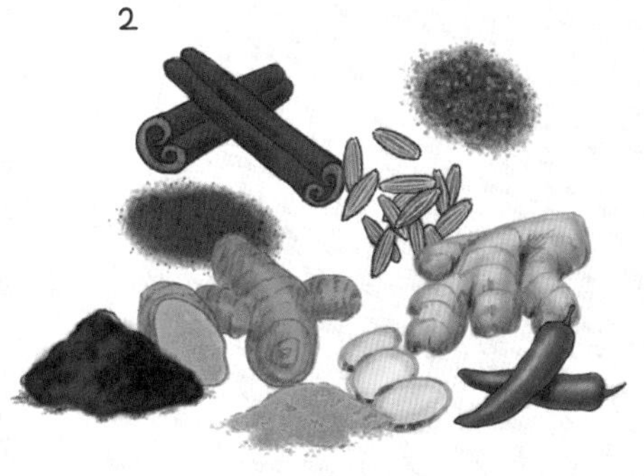

1. 쿠스쿠스: 밀가루를 작고 둥글게 뭉쳐 살짝 찐 다음 건조해 만드는 식재료이다. 빵과 비슷한 주식의 위치에 있는 요리이다.

2. 시나몬, 큐민, 터머릭, 생강, 고추, 파프리카 파우더: 모로코요리에 자주 등장하는 향신료이다.

3. 마늘, 양파, 고수, 파슬리: 모로코요리에 자주 사용되는 허브이다.

4. 라스 엘 하눗: 모로코요리에 자주 사용되는 향신료 블렌드이다. 카다멈, 넛멕, 아니스, 시나몬, 생강, 터머릭, 고추 등 13 가지의 향신료를 섞어 만든다.

5. 사프란: 은은한 향과 강렬한 노란색을 특징으로 하는 귀한 재료이다. 단순히 색을 내기 위한 용도라면 터머릭으로 대체하기도 한다.

6. 레몬 피클: 레몬을 소금에 담가 만드는 레몬 피클은 타진 등의 요리에 독특한 레몬 맛을 더한다.

7, 하리사: 고추 페이스트의 일종으로 독특한 풍미가 있다. 이 페이스트를 분말 형태로 가공한 제품도 있다.

8. 말린 과일: 건포도, 건자두, 건무화과 등의 말린 과일은 요리에든 디저트에든 다방면으로 활용된다.

쿠스쿠스: 쿠스쿠스에 얽힌 논쟁과 화합

쿠스쿠스를 처음 본 외국인들은 종종 쿠스쿠스를 곡물로 착각하곤 한다. 좁쌀을 꼭 닮은 쿠스쿠스의 외형이 이러한 오해의 주범이다. 그럴듯한 외모와 달리, 쿠스쿠스는 곡물이 아니다. 밀가루를 물과 섞어 가공하여 만든다는 점에서는 오히려 파스타에 가깝다. 단, 쿠스쿠스의 제조 과정이 일반적인 파스타 제조 과정과는 크게 다르다는 점을 근거하여 쿠스쿠스를 파스타로 분류해서는 안 된다고 주장하는 목소리도 있다. 쿠스쿠스는 물과 밀가루를 섞은 후 이를 체에 쳐서 작은 반죽으로 만든 후, 증기에 찌는 과정을 거쳐 제조되기 때문이다. 쿠스쿠스를 파스타의 일종으로 보느냐 그렇지 않느냐 하는 질문은 요리에 관심이 있는 사람들(foodie)의 소소한 논쟁거리가 되기도 한다.

그런데, 어쩌면 이러한 '쿠스쿠스 대 파스타' 논쟁은 쿠스쿠스를 오랫동안 주식으로 삼아온 사람에게는 그리 중요하지 않은 문제일 수 있다. 이들에게 중요한 것은 무엇보다도 쿠스쿠스가 자신들을 대표하는 요리라는 점이다. 쿠스쿠스는 모로코와 알제리, 튀니지를 포함한 마그레브 지역에서 매우 중요한 위치를 차지하는 요리이다. 적어도 11세기경에부터 마그레브 지역에서 섭취되었다고 추측되며, 이 지역에 거주하던 베르베르인이 쿠스쿠스를 발명하였다고 보는 이들이 많다. 오랜 세월을 거치며, 쿠스쿠스는 이 지역 사람들의 자부심과 같은 위치에 올랐다. 모로코에는 예배를 보는 휴일인 금요일마다 가족끼리 모여 쿠스쿠스를 먹는 전통이 있다. 알제리인들은 쿠스쿠스를 '키스쿠스' 또는 '타캄'이라고 부르는데, 이중 '타캄'은 쿠스쿠스뿐 아니라 '음식' 또는 '양분'이라는 의미를 포함하고 있는 단어이다. 이는 한국인이 '밥'이라는 단어에 부여하는 의미와 유사하다.

최근, 이들이 쿠스쿠스에 품고 있는 공통된 자부심을 바탕으로 반목하던 마그레브 지역의 사람들이 융합하게 된 역사적인 사건이 발생했다. 알제리와 모로코, 튀니지, 모리타니가 자신들의 전통요리인 쿠스쿠스를 유네스코 인류무형문화유산에 공동으로 등재하는 사업을 추진한 끝에, 2020년에 이를 성공시켰기 때문이다.

그 과정은 순탄과는 거리가 멀었다. 2016년 알제리가 단독으로 쿠스쿠스를 인류무형문화유산으로 등재하겠다고 발표한 것이 분쟁의 단초가 되었다. 역사적으로 앙숙 관계였던 모로코가 '쿠스쿠스는 모로코의 요리'라는 점을 주장하며 즉시 반발했다. 언론에서 '쿠스쿠스 전쟁'이라고 이름 붙일 정도로 첨예했던 대립관계는, 모로코와 알제리를 포함한 마그레브 4개국이 공동 등재를 추진하자는 의견이 받아들여진 이후로 크게 반전되었다. 2020년 12월, 쿠스쿠스의 무형문화유산 등재를 축하하며 유네스코는 소셜미디어에 '우리는 다르지만 하나'라는 메시지를 남겼다. 분쟁의 씨앗이 될 뻔했던 쿠스쿠스에 대한 자존심과 자부심은 노련한 외교적 합의를 지나며 오랫동안 대립하던 나라를 묶는 강력한 끈이 되었다.

3-4인분

쿠스쿠스 조리법

✔ 쿠스쿠스를 조리하기 위해서는 '쿠스쿠시에(2단 찜기와 비슷하게 생긴 조리도구)'라는 특별한 도구를 사용하는 것이 정통의 방식이지만, 쿠스쿠시에가 없어도 맛있는 쿠스쿠스 요리를 충분히 만들 수 있다.

쿠스쿠스 재료

- 쿠스쿠스 2컵
- 물 2컵
- 올리브유 5 tbsp
- 소금 4 tsp
- 버터 1 tbsp

고기 재료

- 소고기(또는 양고기) 0.8-1kg
- (필수) 파프리카 파우더, 터머릭, 소금, 후추 각 1 tsp
- (선택) 사프란(또는 터머릭), 세이지, 타라곤, 딜시드 파우더 각 1 tsp

그 외

- 레몬즙 약간
- 당근, 애호박, 가지, 양파, 마늘 필요한 만큼

1. 고기를 손질한 후 마리네이드 재료를 섞어 마사지하듯 바른다.

2. 고기를 팬에 올려 겉면을 갈색이 되도록 익힌다.

3. 팬에 붙은 것들을 레몬즙으로 디글레이즈한다.

4. 압력밥솥에 고기, 디글레이즈 한 양념, 손질한 양파와 마늘을 넣는다.
   재료가 살짝 잠길 정도로 물을 더해 만능찜 기능으로 80분 정도 찐다.

5. 고기가 부드럽게 익으면 단단한 채소(당근과 같은 뿌리채소)를 압력밥솥에 넣고
   15분간 익힌다. 당근이 부드럽게 익으면 연한 채소(가지, 애호박 등)를 넣고 10분간 더 찐다.

6. 냄비에 물, 올리브유, 소금을 넣고 소금이 녹을 때까지 끓인다.

7. 물이 끓으면 불을 끄고 쿠스쿠스를 넣고 3분간 기다린다.

8. 버터를 넣고 섞으며 포크를 사용해서 쿠스쿠스가 뭉치지 않도록 잘 풀어준다. 소금 간을 한 번 더 본다.

9. 큰 접시에 쿠스쿠스를 올리고, 채소, 고기를 올려 담는다.

나이지리아

졸로프 라이스

집에서 요리로

나이지리아를 여행하기에 앞서

서아프리카는 가나, 감비아, 라이베리아, 나이지리아, 세네갈 등 알제리의 남쪽, 기니만의 북쪽에 위치한 16개국을 일컫는다. 서아프리카 요리의 핵심 재료로는 토마토와 양파, 고추가 있다. 이중 토마토와 고추는 신대륙을 오고 가던 유럽인들에 의해 남미로부터 전파된 것이다. 모로코나 이집트 등의 북아프리카 요리에 비해 향신료의 중요도가 떨어지기는 하지만 생강과 오레가노, 타임, 월계수잎 등의 허브가 자주 등장하곤 한다. 현대에는 Maggi 브랜드의 부용(bouillon) 큐브가 감칠맛을 내는 재료로 애용되고 있다.

카사바, 타로, 얌, 고구마 등의 뿌리채소와 바나나를 닮은 플랜틴, 쌀, 수수, 옥수수 등의 곡물은 서아프리카 요리의 주된 탄수화물원이다. 콩, 가지, 호박, 오크라, 잎채소 등의 야채가 섭취되지만 서아프리카의 요리는 채소보다는 육류 및 지방의 비중이 더 높다. 많은 양의 기름으로 볶거나 튀기는 요리가 많다.

나이지리아요리를 위한 기본 재료

1. 양파, 토마토, 고추: 서아프리카 요리의 기본이 되는 재료들이다. 잘게 다지거나 으깨듯 갈아 기름에 볶아서 소스를 만드는 데 활용한다. 서아프리카 요리에 자주 사용되는 고추는 스카치 보닛(scotch bonnet)이라고 불리는 종이다.

2. 토마토 페이스트: 수프나 스튜, 밥 요리에 자주 사용된다.

3. 오레가노, 타임, 월계수 잎: 유럽 요리의 영향으로 허브가 들어가는 요리가 있다.

4. Maggi 시즈닝: 열매의 씨앗을 발효시켜 만드는 전통적인 감칠맛 증진제인 숨발라(sumbala)의 현대식 대체품이다. 만들어지는 원리는 간장과 비슷하며 감칠맛이 풍부하다. 액체와 고체 형태가 있으며, 고체 형태의 경우 고형 스톡(치킨 스톡 등)과 맛과 사용법이 유사하다.

졸로프 라이스: 자존심을 건 대결

졸로프 라이스(Jollof rice)는 감비아, 세네갈, 가나, 나이지리아, 시에라리온, 라이베리아 등 서아프리카의 다양한 국가에서 널리 만들어지는 쌀 요리이다. 나라마다 레시피는 조금씩 다르지만, 토마토와 양파, 고추를 갈아 만든 소스에 쌀을 넣어 냄비에서 짓는 밥이라는 기본은 동일하다. 토마토의 새콤함과 감칠맛이 고추의 향과 어우러져 풍부한 맛을 자랑하는 요리이다.

'졸로프'라는 이름은 월로프(wolof)족이 세운 졸로프 왕국(Jolof Empire, 14-19세기)에서 유래한 것으로 알려져 있다. 졸로프 왕국은 오늘날의 세네갈과 감비아, 모리타니의 일부 지역에 위치해있었다. 졸로프 왕국이 포르투갈과 활발히 교역하여 토마토나 고추와 같은 신대륙의 작물을 쉽게 받아들였다는 사실은 졸로프 라이스와 졸로프 왕국 간의 연결고리에 신빙성을 부여한다. 또한 세네갈 강이 흐르는 이 지역은 전통적으로 수수를 재배하던 지역이었으며, 서구 열강이 땅콩 재배를 촉진함으로 인해 곡물 생산량이 줄어들자 이 수요를 동남아에서 수입한 쌀로 대체한 바 있다. 이것이 졸로프 라이스가 널리 퍼지게 된 계기가 되었다고 보는 견해도 있다.

세네갈을 비롯한 인근 나라들이 저마다 국가를 대표하는 요리로 졸로프 라이스를 꼽는데, 그 인기 때문에 졸로프 라이스는 구설수에 오르기도 했다. 2010년대 중반부터 가나의 졸로프 라이스와 나이지리아의 졸로프 라이스 중 어느 것이 더 우월한지를 겨루는 대결(일명 '졸로프 전쟁')이 웹상에서 치열하게 벌어졌기 때문이다. 인스타그램과 유튜브 등지에는 가나의 졸로프 라이스와 나이지리아의 졸로프 라이스를 비교하는 블라인드 테스트 및 설문조사 동영상이 끊임없이 올라왔다. 많은 영상에 나이지리아인과 가나인 사이의 자존심을 건 토론이 담기곤 했는데, 대부분 결론이 나지 않은 채로 마무리되기 마련이었다.

졸로프 라이스를 잘 알지 못하는 외국인의 눈으로 보았을 때, 가나식 졸로프 라이스와 나이지리아식 졸로프 라이스는 크게 다르지 않아 보인다. 모두 길쭉한 장립종 쌀을 주황색 소스로 물들인 볶음밥처럼 보일 뿐이다. 그러나 가나식 졸로프 라이스와 나이지리아식 졸로프 라이스 사이에는 차이점이 분명히 존재한다. 가나의 졸로프에는 바스마티 라이스(전분 함량이 높고 특유의 향이 있음)가 사용된다. 반면 나이지리아식 졸로프에는 여러 번 씻어 전분기를 없앤 재스민 라이스(풍미를 잘 흡수함)가 사용된다. 가나식 졸로프 라이스는 정향이나 생강, 넛멕, 계피와 같은 향신료의 따뜻한 향이 첨가되는 경우가 많은 반면, 향신료가 거의 들어가지 않는 나이지리아식 졸로프 라이스는 토마토의 신맛과 고추 특유의 향이 강하다.

치열한 졸로프 전쟁이 잠시 소강상태를 이루었던 흥미로운 사건이 있었다. 영국의 유명 요리사인 제이미올리버가 그 원인을 제공했다. 2014년, 제이미올리버는 자신의 웹사이트에 졸로프 라이스 레시피를 게시했다. 방울토마토, 고수, 파슬리, 레몬 조각 등 전통적인 졸로프 라이스에서 전혀 찾아볼 수 없는 재료를 넣은 레시피였으며,

이에 수많은 아프리카인들이 분개하는 댓글을 달기 시작했다. 그동안 '졸로프 전쟁'으로 분쟁하던 나이지리아와 가나는 전쟁을 잠시 멈추고 공동의 적인 제이미올리버를 함께 비판하는 제스처를 취하기 시작했다. 그동안 덧붙였던 '졸로프전쟁'이라는 해시태그를 '졸로프게이트'로 잠시 바꾸어 달자는 캠페인도 있었다. 졸로프 라이스의 식민지화를 막고 아프리카의 전통을 지켜내자는 의미였다. 최고의 졸로프 라이스 자리를 두고 수년간 견제하던 두 국가의 화합을 이루어낸 제이미올리버는 SNS를 달군 비판에 대응하여 자신이 올린 레시피는 개인적인 해석(twist)일 뿐 불쾌감을 줄 의도는 없었다는 해명을 설파해야 했다.

4-5인분

나이지리아식 졸로프 라이스 조리법

재료

미서에 갈 것

- 파프리카 2 개
- 토마토 3 개
- 홍고추 1 개
- 양파 1/2 개

나머지 재료

- 재스민 라이스(안남미) 2-2.5 컵
- 식용유 1/4 컵
- 양파 1/2 개 다진 것
- 토마토 페이스트 1 컵
- 치킨 스톡 1 개
- 타임 1 tbsp
- 월계수 잎 2 장
- 소금 1 tbsp
- 물 2 컵

조리 과정

1. 믹서에 갈 재료(파프리카, 토마토, 고추, 양파)를 알맞은 크기로 썬다. 기름에 볶을 양파는 잘게 다진다.
2. 썰어 놓은 파프리카, 토마토, 고추, 양파를 믹서에 넣고 간다.
3. 쌀을 흰 물이 나오지 않을 때까지 흐르는 물에 여러 번 헹군다.
4. 믹서에 간 재료를 팬에 넣고 물기가 마를 때까지 5-10분 동안 볶는다. 꺼내서 따로 담아둔다.
5. 팬에 식용유와 다진 양파를 넣고 부드러워질 때까지 4분간 볶는다.
6. 5에 토마토페이스트를 넣고 15분 동안 잘 섞어가며 볶는다.
7. 6에 믹서에 간 재료를 넣고 10분간 볶는다.
8. 7에 물, 타임, 월계수, 소금, 스톡큐브를 넣고 물을 끓인다.
9. 물이 끓으면 깨끗이 씻은 쌀을 넣고 액체가 쌀의 표면을 다 덮을 때까지 물을 좀 더 추가한다.
10. 25분간 중불에서 뚜껑을 덮고 쌀을 익힌다. 냄비밥을 짓는 데 익숙하지 않다면 2분에 한번 꼴로 바닥에 눋지 않도록 쌀을 잘 뒤섞어 주는 것이 좋다. 뚜껑을 자주 열면 수분이 손실되기 때문에 필요시 물을 조금씩 추가한다. 쌀이 부드럽게 다 익으면 완성이다.

모잠비크

피리피리치킨

집에서 요리로

모잠비크를 여행하기에 앞서

동아프리카는 탄자니아, 케냐, 우간다, 에티오피아, 소말리아, 모잠비크, 잠비아, 수단을 포함한 광대한 지역을 일컫는다. 다양한 지형과 기후, 문화가 펼쳐져 있기에 지역마다 특색 있는 요리가 존재한다. 예로부터 곡물을 사용한 요리(우갈리와 인제라 등)와 오래 끓이는 스튜 요리가 발달했다. 바나나를 닮은 플랜틴을 굽거나 튀긴 요리 또한 인기가 많다.

동아프리카는 북으로 오만과 이집트, 동으로 인도와 인접한 지역이기에 비교적 다양한 향신료를 사용한다. 15세기부터 모잠비크를 중심으로 이 지역에 진출한 포르투갈과 19세기부터 본격적으로 식민지화 작업을 시작한 영국, 프랑스, 이탈리아 등 유럽 국가의 영향이 요리 곳곳에 남아있기도 하다.

모잠비크요리를 위한 기본 재료

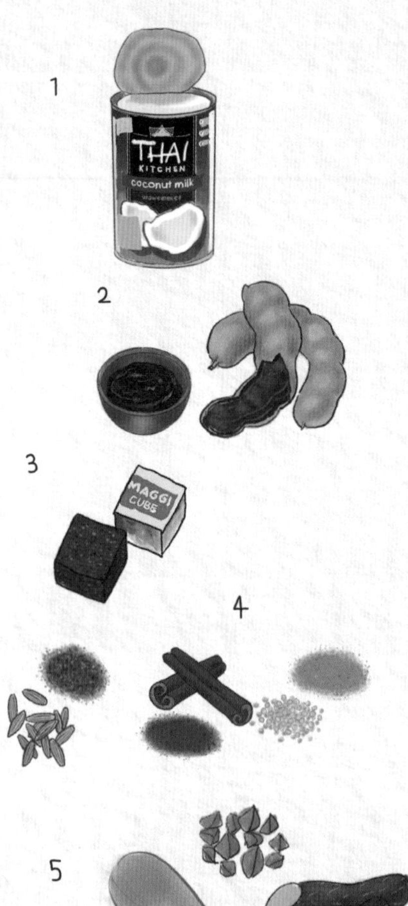

1. 코코넛밀크: 다양한 카레 요리에 사용된다.

2. 타마린드: 동남아 요리에서 자주 발견되는 타마린드는 아프리카 요리에도 널리 사용된다.

3. 스톡 큐브: 서아프리카 요리와 마찬가지로 Maggi 브랜드로 대표되는 스톡 큐브가 널리 사용된다.

4. 큐민, 계피, 코리앤더 파우더 등의 향신료: 인도 및 아랍과 긴밀히 교류한 역사가 있어 유사한 요리를 공유하는 경우가 많다.

5. 메밀, 옥수숫가루, 카사바: 동아프리카에서 주요한 탄수화물원이 된다. 에티오피아와 소말리아의 주식인 신 발효 빵 인제라(injera)와 열에 저어가며 익힌 후 떡처럼 치대서 만드는 요리인 우갈리(ugali)의 원료가 된다.

피리피리치킨: 세계로 뻗어나간 요리

피리피리치킨(페리페리치킨이라고도 불림)은 모잠비크를 대표하는 요리이다. '피리피리'는 고추로 만든 소스를 의미하며, 이 소스를 사용한 가장 대표적인 요리가 바로 어린 닭에 피리피리 소스를 발라 통째로 구워낸 피리피리치킨이다.

피리피리치킨은 여러 나라의 요리문화가 교류하는 과정에서 탄생한 글로벌한 요리이다. 피리피리치킨에 영향을 미친 첫 번째 지역은 아프리카이다. 피리피리치킨에 대한 아프리카의 영향력은 '피리피리'가 스와힐리어로 '고추' 또는 '파프리카'(영어 pepper의 의미)를 뜻한다는 점에서 잘 드러난다. '피리피리'는 좁은 의미로 모잠비크를 위시한 동아프리카 지역에서 널리 재배되는 '말라게타'라는 품종의 고추를 지칭하기도 한다. 피리피리소스를 만드는 데 전통적으로 쓰이는 고추가 바로 이 말라게타 품종이다. 피리피리 소스는 현재까지도 동아프리카를 대표하는 소스로 손꼽히고 있다.

고추의 유래에 대해 좀 더 깊이 파고들자면, 고추의 원산지인 남미와 남미의 식재료를 아프리카 땅으로 들여온 포르투갈을 언급하지 않을 수 없다. 포르투갈은 15세기부터 모잠비크 땅에 진출하여 20세기까지 모잠비크를 식민 지배했다. 동시에 16세기부터 19세기까지 브라질을 중심으로 남미지역을 통치하기도 했다. 이러한 역사 속에서 포르투갈인들은 남미와 유럽, 아프리카의 물자 교류에 핵심적인 위치를 차지하며 동시에 고추와 같은 신대륙의 작물을 세계에 퍼트리는 전령 역할을 했다. 앞서 언급한 '말라게타' 품종의 고추 또한 포르투갈 출신의 탐험가가 남미로부터 들여와 아프리카에서 본격적으로 재배를 시도한 역사가 있다.

브라질 카우보이들의 바비큐 전통이 피리피리치킨에 영향을 주었을 것이라는 견해도 있다. 가우슈(gaúcho)라고 불리던 이 카우보이들은 브라질 대평원에서 소나 말을 방목하여 길렀으며, 풍부한 고기 생산량을 바탕으로 슈하스코(Churrasco)라는 바비큐 문화를 탄생시켰다. 이러한 요리 기법은 포르투갈 본토에도 널리 퍼졌으며, 다양한 고기를 구워 판매하는 바비큐 전문점이 슈하스카리아(Churrascaria)라는 이름으로 포르투갈 곳곳에 생겨나게 되었다. 포르투갈령인 모잠비크 또한 슈하스코 문화의 영향권 안에 있으며, 피리피리치킨 또한 슈하스코의 일종으로 분류된다.

한편, 포르투갈 및 포르투갈이 통치했던 국가(모잠비크, 브라질 등)들에서 소비되던 피리피리치킨을 서구권에 널리 알린 주체는 따로 있다. 남아공에서 시작하여 전 세계 35개국에서 1000여 개의 매장을 운영하고 있는 포르투갈-아프리카 요리 체인 레스토랑 난도스(Nando's)가 바로 그것이다. 영국에 300개, 호주에 200개 이상의 지점이 있어 영국인과 호주인에게 특히 익숙한 브랜드이다. 난도스의 역사는 1987년 요하네스버그에서 모잠비크 출신과 남아공 출신의 사업가가 피리피리치킨을 전문으로 판매하던 식당을 인수한 것에서 시작한다. 요하네스버그를 바탕으로 성장하던 난도스는 1992년 남아공계 투자회사에 인수된 이후로 성공적으로 세계무대에 안착했다. 피리피리치킨이 세계적인 인지도를 얻은 것에는 이를 간판메뉴로 삼아 서구권에 알려지게 한 난도스의 공이 크다. 비록 남아공에서 시작했지만 모잠비크에서 생산한 피리피리 고추로 소스를 만든다는 점을 강조하며 모잠비크와의 연계성을 강조하고 있다는 점이 흥미롭다.

그런데, 난도스와 같은 체인이 없었음에도 피리피리치킨이 전파되어 중요한 요리로 자리 잡은 지역이 있다. 바로 1557년부터 1999년까지 포르투갈에 소속되었던 마카오의 이야기이다. 마카오에 전파된 피리피리치킨은 마카오식 변형을 거쳐 '아프리칸치킨(非洲鸡)'이라는 이름으로 많은 사랑을 받고 있다. 이를 처음으로 개발했다고 여겨지는 이는 1940년대 유명 호텔에서 근무하던 아메리코 안젤로라는 이름의 요리사였다. 포르투갈령의 아프리카 국가들을 여행하고 돌아와서, 그는 그곳에서 먹었던 요리들을 떠올리며 아프리카에서 들여온 향신료를 사용하여 아프리칸치킨을 만들었다고 한다. 오늘날의 아프리칸치킨은 현지화를 거치며 소스에 땅콩과 코코넛밀크가 첨가되어 아프리카나 포르투갈의 피리피리치킨과 조금 다른 모양새를 띠고 있다.

만약 피리피리치킨을 이미 접해본 한국인이 있다면, 높은 확률로 영국이나 호주의 난도스가 그 계기가 되었을 것이다. 안타깝게도 한국에는 아직 난도스 체인이 없으며 나아가 포르투갈 요리나 모잠비크요리 전문점 또한 드물어 도통 피리피리치킨을 접하기 어렵다. 피리피리치킨을 만드는 것은 그리 어렵지 않으니, 훌쩍 여행을 떠나기 어렵다면 집에서 피리피리치킨을 요리하며 모잠비크와 포르투갈, 나아가 마카오를 여행하는 기분을 느껴보는 것은 어떨까.

 2-3인분

피리피리치킨 조리법

재료

- 손질한 닭 한 마리 또는 닭 다리살 8 개
- 양파 1 개
- 파프리카 1 개
- 홍고추 2 개
- 레몬 1 개
- 마늘 10 개
- 카옌페퍼 3 개
- 월계수잎 3 장
- 파프리카 파우더 1 tbsp
- 오레가노 1 tbsp
- 설탕 1 tbsp
- 식용유 1 컵
- 소금 2 tbsp +α, 후추

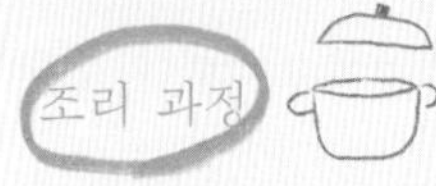

조리 과정

1. 양파와 파프리카, 고추를 적당한 크기로 손질한다.
2. 양파, 파프리카, 고추, 레몬즙, 마늘, 카옌페퍼, 월계수잎, 파프리카 파우더, 오레가노, 설탕, 식용유, 소금 2 tbsp을 믹서에 갈아 피리피리 소스를 만든다.
3. 손질한 닭고기에 소금 간을 한다.
4. 닭고기의 모든 면에 소스를 고루 바른다.
5. 180도의 오븐에 20분 정도 굽는다. 그을음을 주기 위해 마지막에 온도를 200도로 올려 5분간 추가로 굽는다.

트레블 인 유어 키친

초판 1쇄 펴낸 날 | 2021년 7월 2일

지은이 | 박신혜
펴낸이 | 홍정우
펴낸곳 | 브레인스토어

책임편집 | 양은지
편집진행 | 차종문, 박혜림
디자인 | 황단비
마케팅 | 김에너벨리

주소 | (04035) 서울특별시 마포구 양화로 7안길 31(서교동, 1층)
전화 | (02)3275-2915~7
팩스 | (02)3275-2918
이메일 | brainstore@chol.com
블로그 | https://blog.naver.com/brain_store
페이스북 | http://www.facebook.com/brainstorebooks
인스타그램 | https://instagram.com/brainstore_publishing

등록 | 2007년 11월 30일(제313-2007-000238호)

ISBN 979-11-88073-75-7 (03590)